# 铅锌尾矿制环境友好建材

于 岩 著

科学出版社

北 京

# 内 容 简 介

  铅锌尾矿的综合利用对于治理环境和节约资源具有重要意义。本书系统介绍铅锌尾矿的成分、特点、重金属离子的浸出特性等，提出分类利用、多渠道转化的思路。本书旨在分析不同类型的铅锌尾矿，根据其成分，充分利用铅锌尾矿，研制性能优良、环境友好的各种无机建材制品，实现对铅锌尾矿资源化、减量化和无害化的综合利用，解决固体废弃物堆放污染问题，降低建材制品的原材料成本，为建材产品的制备提供新途径。

  本书可供从事材料研究的科研和工程技术人员参考，也可作为化学、化工、材料和环境科学等学科的研究生和高年级本科生的教学参考书。

**图书在版编目（CIP）数据**

铅锌尾矿制环境友好建材/于岩著. —北京：科学出版社，2018.3
ISBN 978-7-03-056672-0

Ⅰ. ①铅…　Ⅱ. ①于…　Ⅲ. ①尾矿利用-建筑材料-无污染技术-研究
Ⅳ. ①TD926.4②TU5

中国版本图书馆 CIP 数据核字（2018）第 041175 号

责任编辑：牛宇锋　罗　娟／责任校对：桂伟利
责任印制：张　伟／封面设计：陈　敬

科 学 出 版 社 出版
北京东黄城根北街 16 号
邮政编码：100717
http://www.sciencep.com

**北京九州迅驰传媒文化有限公司** 印刷
科学出版社发行　各地新华书店经销
＊

2018 年 3 月第 一 版　开本：720×1000　B5
2018 年 3 月第一次印刷　印张：7 3/4
字数：145 000
定价：80.00 元
（如有印装质量问题，我社负责调换）

# 前　　言

随着经济的快速发展,我国对铅锌等矿产品的需求量大幅度增长,铅锌矿的开采规模随之加大,因此铅锌尾矿产生量不断增加;加之许多可利用的铅锌矿品位日益降低,为了满足铅锌矿产品日益增长的需求,铅锌矿选矿规模越来越大,铅锌尾矿产生量也大幅增加。铅锌尾矿颗粒较细,长期堆存产生扬尘,造成周围环境和土壤污染,严重影响居民身体健康,且矿石被开采后,经过磨碎、选矿处理最终堆放在自然环境下,其本身所含有的金属离子和残留的选矿剂等很容易释放到环境中,引发重大环境问题,其大量堆积不但占据宝贵的土地资源而且造成资源浪费,因此铅锌尾矿的综合利用具有深远而重大的意义。

福建省三明地区是我国重要的铅锌矿产区,铅锌尾矿产生量巨大、成分复杂,大多数尾矿中游离 CaO、MgO 含量较高,回收利用困难。铅锌尾矿的资源化、减量化和综合回收利用成为当地经济发展的重要研究课题之一。

本书以福建三明地区的铅锌尾矿为研究对象,分析尾矿的成分、特点、重金属离子浸出特性,提出分类利用、多渠道转化的思路,从三个方向研究铅锌尾矿的综合回收利用途径:①利用铅锌尾矿研制环保免烧砖;②利用铅锌尾矿研制水泥活性混合材料;③利用铅锌尾矿研制烧结砖。铅锌尾矿的这些应用具有污染小、经济效益好、资源重复利用等优点,且能消耗大量的铅锌尾矿,有效降低各类建材制品的成本,可实现对铅锌尾矿渣的综合利用,解决固体废弃物堆放污染问题。

本书是在福建省科学技术厅产学研专项等项目支持下获得的研究成果,感谢课题组的多名硕士、博士研究生参与实验和本书的撰写。

受作者水平限制,本书难免存在疏漏和不足,敬请读者批评指正。同时,对书中所参考文献资料的中外作者致以崇高的敬意和衷心的感谢。

作　者

2017 年 9 月 30 日

# 目　　录

前言

第1章　绪论 ························································· 1

1.1　铅锌尾矿的危害概述 ······································ 1

　　1.1.1　铅锌尾矿的产生与危害 ·························· 1

　　1.1.2　铅锌尾矿重金属离子浸出的危害 ·············· 3

　　1.1.3　铅锌尾矿重金属离子浸出研究现状 ············ 4

1.2　纳米金属氧化物吸附重金属离子研究现状 ············ 7

1.3　铅锌尾矿再利用研究现状 ································ 9

1.4　废水中重金属离子铅去除研究现状 ··················· 12

第2章　实验内容与方法 ········································· 13

2.1　实验原料与仪器设备 ····································· 13

　　2.1.1　实验原材料及药品 ······························ 13

　　2.1.2　实验仪器及设备 ································· 13

2.2　铅锌尾矿理化特性分析 ·································· 15

　　2.2.1　铅锌尾矿的含水率 ······························ 15

　　2.2.2　铅锌尾矿的有机物含量 ·························· 15

　　2.2.3　铅锌尾矿的pH ································· 15

　　2.2.4　铅锌尾矿的火山灰活性 ·························· 16

　　2.2.5　铅锌尾矿的化学组成 ····························· 16

　　2.2.6　铅锌尾矿的物相组成 ····························· 17

　　2.2.7　铅锌尾矿的微观形貌 ····························· 18

　　2.2.8　铅锌尾矿的重金属离子含量 ····················· 18

2.3　实验内容 ················································ 19

　　2.3.1　铅锌尾矿重金属离子浸出与修复 ················ 19

　　2.3.2　铅锌尾矿作水泥混合材 ·························· 20

　　2.3.3　铅锌尾矿制备环保免烧砖 ······················· 20

2.4　实验方法 ················································ 21

　　2.4.1　铅锌尾矿重金属离子浸出与修复研究实验 ······· 21

　　2.4.2　铅锌尾矿作为水泥混合材的研究实验 ············ 21

　　2.4.3　铅锌尾矿制备环保免烧砖实验 ·················· 24

　　2.4.4　铅锌尾矿烧结砖的制备方法　·················· 26

　　2.4.5　铅锌尾矿烧结砖的物理性质测定方法 ·············· 27

　　2.4.6　铅锌尾矿烧结砖的性能表征　················· 29

第3章　铅锌尾矿重金属离子浸出与修复研究 ················ 31

　3.1　溶液初始 pH 对铅锌尾矿重金属离子浸出的影响··········· 31

　3.2　纳米 CeO₂ 掺量对铅锌尾矿重金属离子吸附作用的研究······· 33

　3.3　重金属离子溶液初始 pH 对纳米 CeO₂ 吸附率的影响········· 35

　3.4　本章小结··························· 37

第4章　铅锌尾矿作水泥混合材的研究 ·················· 39

　4.1　铅锌尾矿 A 作水泥混合材的研究　·············· 39

　　4.1.1　铅锌尾矿 A 掺量对水泥性能的影响············· 39

　　4.1.2　铅锌尾矿 A 掺量对水泥强度的影响　··········· 40

　　4.1.3　掺杂铅锌尾矿 A 的水泥重金属离子浸出行为研究······· 43

　4.2　铅锌尾矿 B 作水泥混合材的研究　············· 45

　　4.2.1　铅锌尾矿 B 掺量对水泥性能的影响············· 45

　　4.2.2　铅锌尾矿 B 掺量对水泥强度的影响············· 45

　　4.2.3　掺杂铅锌尾矿 B 的水泥重金属离子浸出行为研究······· 47

　4.3　铅锌尾矿 C 作水泥混合材的研究　············· 48

　　4.3.1　铅锌尾矿 C 掺量对水泥性能的影响············ 48

　　4.3.2　铅锌尾矿 C 掺量对水泥强度的影响············· 49

　　4.3.3　掺杂铅锌尾矿 C 的水泥重金属离子浸出行为研究 ······· 50

　4.4　本章小结··························· 51

第5章　铅锌尾矿制备环保免烧砖的研究 ················ 52

　5.1　铅锌尾矿掺量对环保免烧砖强度的影响············· 52

　　5.1.1　铅锌尾矿 A 掺量对环保免烧砖强度的影响·········· 52

　　5.1.2　铅锌尾矿 A 制备的环保免烧砖 XRD 分析··········· 54

　　5.1.3　铅锌尾矿 B 掺量对环保免烧砖强度的影响·········· 54

　　5.1.4　铅锌尾矿 B 制备的环保免烧砖 XRD 分析··········· 56

　　5.1.5　铅锌尾矿 C 掺量对环保免烧砖强度的影响·········· 56

　　5.1.6　铅锌尾矿 C 制备的环保免烧砖 XRD 分析··········· 58

　5.2　环保免烧砖重金属离子浸出特性················ 58

　　5.2.1　铅锌尾矿 A 制备的环保免烧砖重金属离子浸出特性······ 58

　　5.2.2　铅锌尾矿 B 制备的环保免烧砖重金属离子浸出特性······ 59

　　5.2.3　铅锌尾矿 C 制备的环保免烧砖重金属离子浸出特性······ 59

　　5.2.4　重金属离子浸出前后环保免烧砖 XRD 和 SEM 分析······· 60

5.3　环保免烧砖对 $Pb^{2+}$ 吸附行为的研究 ……………………… 62

　　5.3.1　吸附时间对环保免烧砖吸附 $Pb^{2+}$ 的影响 …………………… 62

　　5.3.2　含 $Pb^{2+}$ 溶液初始浓度对环保免烧砖吸附 $Pb^{2+}$ 的影响 ……… 63

　　5.3.3　pH 对环保免烧砖吸附 $Pb^{2+}$ 的影响 ……………………… 64

5.4　环保免烧砖吸附前后微观结构分析……………………………… 65

　　5.4.1　环保免烧砖除 $Pb^{2+}$ 前后 XRD 分析 ……………………… 65

　　5.4.2　环保免烧砖除 $Pb^{2+}$ 前后 SEM 分析 ……………………… 66

5.5　本章小结………………………………………………………… 67

第6章　铅锌尾矿烧结砖的制备与研究 ……………………………… 69

6.1　不同的成型压力对铅锌尾矿烧结砖性能的影响………………… 69

6.2　不同烧结温度对铅锌尾矿烧结砖性能的影响…………………… 71

6.3　不同保温时间对铅锌尾矿烧结砖性能的影响…………………… 73

6.4　添加剂(去离子水)含量对铅锌尾矿烧结砖性能的影响………… 75

6.5　本章小结………………………………………………………… 77

第7章　原料中酸碱氧化物比例对铅锌尾矿烧结砖性能的影响 …… 79

7.1　原料的 SA/FCM 变化对铅锌尾矿烧结砖性能的影响………… 80

　　7.1.1　原料 SA/FCM 的确定及其变化对铅锌尾矿烧结砖物理性能的影响 … 80

　　7.1.2　原料的 SA/FCM 变化对铅锌尾矿烧结砖表面性质的影响 …… 81

　　7.1.3　原料的 SA/FCM 变化对铅锌尾矿烧结砖物相组成的影响 …… 82

　　7.1.4　原料的 SA/FCM 变化对铅锌尾矿烧结砖抗压强度的影响 …… 84

7.2　固定 SA/FCM 时 $m(SiO_2):m(Al_2O_3)$ 变化对铅锌尾矿烧结砖性能的影响 …………………………………………………… 84

　　7.2.1　原料 $m(SiO_2):m(Al_2O_3)$ 变化对铅锌尾矿烧结砖物理性能的影响 … 85

　　7.2.2　原料 $m(SiO_2):m(Al_2O_3)$ 变化对铅锌尾矿烧结砖表面性质的影响 … 86

　　7.2.3　原料 $m(SiO_2):m(Al_2O_3)$ 变化对铅锌尾矿烧结砖物相组成的影响 … 87

　　7.2.4　原料 $m(SiO_2):m(Al_2O_3)$ 变化对铅锌尾矿烧结砖抗压强度的影响 … 88

7.3　固定 SA/FCM 时 $m(Fe_2O_3):m(CaO):m(MgO)$ 变化对铅锌尾矿烧结砖性能的影响 ………………………………………… 89

　　7.3.1　原料 $m(Fe_2O_3):m(CaO):m(MgO)$ 变化对铅锌尾矿烧结砖物理性能的影响 ………………………………………………… 89

　　7.3.2　原料 $m(Fe_2O_3):m(CaO):m(MgO)$ 变化对铅锌尾矿烧结砖表面性质的影响 ……………………………………………… 91

　　7.3.3　原料 $m(Fe_2O_3):m(CaO):m(MgO)$ 变化对铅锌尾矿烧结砖物相组成的影响 ……………………………………………… 92

　　7.3.4　原料 $m(Fe_2O_3):m(CaO):m(MgO)$ 变化对铅锌尾矿烧结砖抗压强度的影响 ………………………………………………… 93

　7.4　本章小结 ·················································· 93

第8章　铅锌尾矿烧结砖中重金属离子的固化与浸出研究 ·········· 96

　8.1　实验铅锌尾矿中重金属元素的选择 ······················· 96

　8.2　浸出实验方法的确定和浸出毒性评价的意义 ··············· 97

　8.3　原料的 SA/FCM 对重金属离子浸出特性及固化的影响 ······ 98

　　8.3.1　最佳 SA/FCM 范围内对重金属离子浸出特性和固化的影响 ······ 99

　　8.3.2　固定 SA/FCM 时 $m(SiO_2)$∶$m(Al_2O_3)$ 变化对重金属离子浸出特性和

　　　　　固化的影响 ·········································· 101

　　8.3.3　固定 SA/FCM 而 $m(Fe_2O_3)$∶$m(CaO)$∶$m(MgO)$ 变化对重金属离子

　　　　　浸出特性和固化的影响 ······························· 104

　8.4　本章小结 ················································ 106

参考文献··················································· 108

# 第1章 绪 论

环境保护部《2013中国环境状况公报》统计数据表明,2013年我国工业固体废弃物的产生量约为32.8亿t。其中,尾矿的产生量为10.6亿t,占工业固体废弃物总量的32.3%;尾矿的综合利用量为3.3亿t,利用率约为31.1%。随着社会需求的加深与工业现代化的快速发展,人类对矿产资源的开采步伐持续加快,有限资源的衰竭势必导致重大的能源问题。尽管我国有丰富的矿产资源,但贫矿多、富矿少的基本现状及开矿技术和设备的落后给选矿行业带来了巨大挑战。此外,选矿作业需经多道工序,势必造成大量尾矿的产生与堆积。相关资料统计表明,目前我国尾矿累积堆积量已达到110亿t以上。尾矿的大量堆积不仅占用大量土地,而且造成资源的巨大浪费,并带来严重的环境污染等问题[1]。因此,合理利用尾矿、寻求尾矿的安全放置已成为亟须解决的社会问题。

建材行业属于资源消耗量较大的产业,尤其水泥生产带来的资源消耗和环境破坏问题日益尖锐[2],前瞻产业研究院数据表明,截至2013年底我国水泥的总产量是24.1亿t。目前,《水泥工业污染防治技术政策》中指出水泥工业污染防治目标为2020年水泥工业污染物得到全面控制,能源消耗、污染物排放、资源利用和治污指标要达到国际水平,并提出在保障水泥使用环境安全的条件下,充分利用工业废料、生活垃圾、污泥等及受污土壤提高水泥生产、降低水泥消耗[3]。因此,寻找新的水泥耗材以满足水泥巨大的需求量是亟须研究的重要课题。

黏土烧结砖破坏耕地且造成环境污染,已被国家明令禁止,免烧砖因符合保护农田、节约能源的发展方针应运而生。因此,发展以工业废渣等非黏土为主要原料的新型墙体材料是建材行业今后努力的方向[4]。

## 1.1 铅锌尾矿的危害概述

### 1.1.1 铅锌尾矿的产生与危害

我国的矿产为国家提供了80%的工业原料,尤其是铅锌矿的存储量很大,其生产和消耗均位居世界前列。统计数据显示,截至2009年底我国共有铅锌矿选矿企业846家,铅锌全年总产量达到806万t,占我国有色金属总产量的30.9%,且行业从业人员超过14万人[5]。铅锌尾矿是采矿行业采出矿石后,对铅锌元素进行有效提取处理后产生的有害工业固体废弃物。我国铅锌矿产资源受品位低、矿物组成复杂、选矿技术设备较落后等限制,选矿后产生大量的铅锌尾矿。选矿厂经特定的工艺,如破碎、磨矿、分选铅锌矿石,有价元素得到分离,选出铅锌精矿后,浮选剂及有害元素富集在尾矿中,所排放的铅锌尾矿堆放在尾矿库中或露天堆放[6]。铅锌尾矿的主要特点为矿物组成复杂、存储量较大、回收利用率低等,是一种具有较高潜在利用价值的矿产资源。

《国家危险废物名录》中规定:危险废物为具有腐蚀性、毒性、易燃性、反应性或者感染性等特征的固体或液体。因铅锌尾矿中含有多种重金属元素,这些重金属均具有较强的毒性,因此,可认定铅锌尾矿为一种危险废弃物。

与钢渣、煤矸石、粉煤灰、生活垃圾等常见的固体废弃物比较,铅锌尾矿的危害主要体现在以下几个方面:

(1)尾矿占据了大量的土地面积。我国铅锌矿矿石的储存量大,开采工作量非常浩大。随着我国现代化工业的快速发展,对矿产品的需求量也在不断增加,因此每年选矿后排出的废弃尾矿产量也在持续增加。加之我国铅锌矿矿石贫矿居多、品位偏低,经过复杂的选矿工艺才能选出精矿,导致大量含多种脉石矿物的尾矿排出。而且随着矿石开采程度的不断深化,可开采矿石的品位更低,尾矿的产出速度将更快。排出的大量尾矿直接露天堆放在尾矿库中,不断堆积的尾矿不仅占用并破坏了大量土地资源,制约土地的开发利用,而且减少我国的耕地面积,农作物、植被等无法正常生长,制约农业的发展。截至 2010 年底,我国尾矿占用土地面积约为 1500 万亩*,且每年还有约 2.5% 的新增尾矿,估计未来将会占据更多的土地。

(2)尾矿造成资源浪费和经济损失。我国铅锌矿矿石约 80% 为伴生矿,加之我国采矿行业起步较晚、冶炼技术差、自动化水平低、生产设备落后、选矿回收率低,造成大量有价值的矿产资源被丢弃在尾矿中,这些组分未得到有效回收利用[7],造成严重的资源浪费。特别是过去开采较早、年代较久远的尾矿,由于当时技术等各方面的制约,很多金属元素在尾矿中,损失严重。

(3)尾矿溃坝对下游人民生命安全构成威胁。选矿厂尾矿的产量惊人,一般会选择建坝堆放尾矿以节约占地。但尾矿坝结构一般处于疏松状态,尾矿库的稳定性很差,一旦经受地震或者山洪等自然灾害,很可能会产生溃坝现象,引发重大灾难[8-10],给尾矿库下游的生态区或者居民区居民生命和财产安全构成威胁,还会带来严重的环境污染[11]。

我国出现过多起尾矿事故,例如,2007 年海城西洋鼎洋矿业 5 号尾矿库发生了溃坝事故,尾矿下泄 54 万 m³,造成巨大的人员伤亡,其中,受伤 39 人、死亡 13

---

* 1 亩≈666.7m²。

人、失踪 3 人；还有 2008 年襄汾县新塔矿业 980 沟尾矿库发生了溃坝事件，下泄尾矿量 19 万 $m^3$，其中，死亡竟达到 281 人之多，且受伤 33 人、失踪 4 人，经济损失达到 9619.2 万元[12]。可见，尾矿溃坝会带来巨大的灾难，尾矿坝的安全问题是不可忽视的。

（4）尾矿造成大气、土壤、水体污染问题，危害生物与人类的健康。经选矿等破碎处理后的尾矿露天堆放，颗粒体积小，在气候干旱季节和地区，外加风力的作用会造成扬尘现象，土质退化，带来大气污染，严重的可致使周围居民患病。

尾矿长期经受风化、雨淋、氧气侵蚀作用，其含有的重金属离子（$Cd^{2+}$、$Cr^{3+}$、$Cu^{2+}$、$Zn^{2+}$、$Pb^{2+}$ 等）和残留在选矿剂中的有毒元素（As、Hg 等）容易释放到周围环境中，渗入土壤和水体。这些重金属离子和有毒元素随土壤和水体的迁移发生形态的变化，不会消失，长期积累，破坏周围土壤的微生物结构，危害农作物的生长；污染周遭地表水和地下水，毒害水生生物，造成水体富营养化，严重破坏生态环境[13]，给人类的生存和健康造成巨大威胁[1,14]；并且这些重金属离子引发的相关问题具有很强的滞后作用，其潜在危害更加深远。因此，重金属离子污染的防治任务很艰巨。

### 1.1.2 铅锌尾矿重金属离子浸出的危害

环境污染所说的重金属主要是指生物毒性显著的 Cd、Cr、Cu、Pb、Hg 和 As 等。这些重金属的离子具有潜在活性迁移性和毒性，被美国环境保护局列为优先控制污染物。人类活动尤其是现代化工业，如制造业、采矿业、钢铁冶炼业等，是加剧重金属离子污染的主要因素之一，其中尾矿被认为是重金属离子的重要潜在污染源[15,16]。

在雨水、酸雨等淋溶作用下，尾矿中含有的硫化物会产生大量酸性物质，酸性物质会促使重金属离子浸出，这是尾矿污染环境的主要方面[17]。但有些铅锌尾矿浮选浆呈碱性，也会造成尾矿中重金属离子浸出，使重金属离子含量超标[18]。

下面主要从重金属离子对土壤和水体的影响两个方面介绍存在于铅锌尾矿中的重金属超标带来的危害：

（1）重金属离子浸出给土壤带来的影响。铅锌尾矿中浸出的重金属离子会迁移至尾矿库周边的土壤中，有毒有害物质侵入地表，破坏土体结构性质，影响土壤中微生物和动植物的生长，破坏生态系统。植物的根部通过土壤吸收重金属到体内，重金属离子进入植物体内会影响植物的细胞代谢，使其生长受阻，情况严重的可导致植物死亡[19]。植物体内的重金属离子又会通过食物链进入人体内，导致人类健康受到严重威胁[20]。2013 年，广东省发现了大量湖南省生产的含镉大米，引起了极大的震动。据报道，我国每年有 1200 多万吨粮食遭到重金属离子污染，被重金属离子污染而导致粮食减产多达 1000 万 t，每年农业方面经济损失超过 200

亿元[21]。此外,重金属离子污染导致的土体性质改变可能会引起建筑物的破坏,随着城市地下管道和建筑物等日益增多,重金属离子的存在会降低此类地下工程的稳定性和耐久性,进而影响建筑物的使用寿命。

（2）重金属离子浸出给水体带来的影响。在下雨、下雪等气候因素下,铅锌尾矿中的重金属离子和其他有害物质会随着水流进入河流、湖泊、海洋等,使水资源受到污染。水中的水生生物等可对重金属离子进行富集,只有在这些生物体内的重金属离子达到某种程度以后,才会出现中毒症状[22]。不同生物对不同的重金属离子有不同的富集作用,例如,有些水生生物对铅的富集指数可达到 1400 倍以上,鱼类对汞的富集高于周围水体 1000 倍之多[23]。水生生态系统中,重金属的生物富集性较强,如被污染水源未得到适当修复,水生生态系统将会存在被破坏的风险。

福建省大田县属于亚热带气候,夏季高温多雨,研究该地区铅锌尾矿在雨水特别是酸雨等条件下的重金属离子浸出特性,对保护福建省大田县的生态环境尤为重要,可以针对该地区特有的成分复杂的铅锌尾矿重金属离子的浸出规律提出相应的改善对策。以下为国内外学者针对不同类型的尾矿、模拟不同实验条件,对尾矿重金属离子浸出规律的研究,为进一步了解尾矿的性质和分析重金属离子浸出提供基础。

### 1.1.3　铅锌尾矿重金属离子浸出研究现状

Guo 等[13]研究了 pH、温度、尾矿细度和浸泡时间对德兴铜尾矿中 $Zn^{2+}$、$Cu^{2+}$、$Fe^{3+}$ 和 $Mn^{2+}$ 等重金属离子浸出情况的影响。结果表明,$Zn^{2+}$、$Cu^{2+}$、$Fe^{3+}$ 和 $Mn^{2+}$ 在 pH=2 时具有最大浸出量,分别为 5.4%、5.8%、11.1% 和 34.1%;浸出的重金属离子浓度随着温度的升高而增加;尾矿细度越细,重金属离子越容易浸出。

Lee 等[16]采用连续提取法 BCR 研究了尾矿中 $As^{2+}$、$Cd^{2+}$、$Cu^{2+}$、$Pb^{2+}$、$Zn^{2+}$ 的存在形态,利用动态淋溶和静态淋溶评估酸雨条件下重金属离子的浸出行为,尾矿和土壤中氧化态的金属对环境污染较大,较易浸出。样品浸泡 7d 未发现重金属离子浸出,直到 30d 发现了其浸出,pH=1 的溶液中重金属的浸出量是 pH 为 3 和 5 的 5~10 倍。

Yang 等[24]探究了淋溶剂种类、浓度、淋溶时间、固液比因素对韩国某矿区尾矿中 $As^{3+}$ 和 $Pb^{2+}$、$Zn^{2+}$ 浸出规律的影响,利用连续提取法连续萃取实验研究尾矿中 As、Pb、Zn 的存在形态。研究结果发现,HCl、$H_3PO_4$ 对重金属离子具有较高的萃取率,NaOH 有助于 $As^{3+}$ 的迁移,但抑制了 $Pb^{2+}$、$Zn^{2+}$ 的萃取;当 HCl 浓度为 0.5mol/L,固液比 1:5,浸出时间 2h 时,尾矿中 $As^{3+}$、$Pb^{2+}$、$Zn^{2+}$ 的萃取率分别为 21.1%~72.5%、9.9%~86.5%、6.1%~74.1%。该结果表明,HCl 和 NaOH 可对重金属离子进行无选择性的有效萃取。

Palumbo-Roe 等[25]研究了英国威尔士 Frongoch 和 Grogwynion 两处废弃的铅锌尾矿性质,采用欧洲浸出测试标准 TS 14429 和 TS 14405 对不同 pH 和固液比下的重金属浸出量进行测试。研究发现,重金属的总含量与浸出量之间没有相关性,在中性溶液中,Grogwynion 矿区尾矿中铅、锌的浸出量主要受铅、锌碳酸盐含量的限制,且 Grogwynion 矿区尾矿对酸的敏感程度大于 Frongoch,虽然两者的含铅总量是一样的,但尾矿中 $Pb^{2+}$ 浸出量 Grogwynion 是 Frongoch 的 10 倍左右,酸性条件下,尾矿中 $Zn^{2+}$ 的浸出量 Grogwynion 也比 Frongoch 大。该研究为两者尾矿库的管理提供了科学依据。

Son 等[26]采集了韩国具有代表性的 4 个矿区 10 种尾矿,为研究这 10 种尾矿的重金属离子浸出行为,采用 8 种不同的浸取方法[0.1mol/L HCl、0.5mol/L HCl、1.0mol/L HCl、3.0mol/L HCl、韩国废弃材料标准浸出率规程(KSLP)、合成沉淀浸出率规程(SPLP)、有毒物质浸出率规程(TCLP)、王水萃取法(AR)]来评估尾矿中重金属离子的浸出情况。结果表明,浸取液对重金属离子相对浸取率由小到大的顺序为 KSLP<SPLP<TCLP<0.1mol/L HCl<0.5mol/L HCl<1.0mol/L HCl<3.0mol/L HCl<AR,且由于离子存在状态不同,$Cd^{2+}$ 和 $Zn^{2+}$ 的相对浸出量高于 $As^{3+}$、$Cu^{2+}$、$Ni^{2+}$、$Pb^{2+}$。

Yang 等[27]研究了钒钛磁铁矿中钒的浸出规律及对环境的危害,连续萃取实验结果表明,土壤和尾矿中钒的迁移量很低,只有少于总量 1% 的钒发生了迁移;经过干燥、再润湿处理的尾矿,钒的浸出量增加到 50～90μg/L,该过程对钒的浸出具有促进作用。

Carvalho 等[28]研究了某尾矿中几种重金属的存在状态及其对周边水体的影响。研究发现,该尾矿中的 Al、Fe、Pb、Zn 等金属的主要存在形式为可交换态、可还原态和硫化物态,尾矿周边水体中含有较高浓度的 $SO_4^{2-}$、$Mn^{2+}$、$Al^{3+}$、$Cd^{2+}$、$Ni^{2+}$ 和 $Pb^{2+}$,因此,该地区不适合居民生存。

蓝崇钰等[29]将广东粤北某铅锌尾矿在 pH=2～7 的溶液中淋溶 50 天,探究铅锌尾矿中重金属离子的浸出及对植物的毒性。结果发现,随着溶液 pH 降低,重金属离子($Pb^{2+}$、$Zn^{2+}$、$Cu^{2+}$、$Cd^{2+}$)的浸出量增多;随着淋溶液 pH 的降低,植物体内的毒性也在不断加深。胡宏伟等[30]对乐昌高硫、中硫、低硫三种不同类型的铅锌尾矿堆放过程中的酸化问题及其重金属离子浸出进行了研究,以期为铅锌尾矿的管理提供依据。研究结果表明,堆放的高硫和中硫铅锌尾矿在 51 周时发生酸化,低硫尾矿没有发生酸化,且铅锌尾矿的酸化导致其含有的某些盐类发生溶解,使 $Pb^{2+}$、$Zn^{2+}$ 和 $Cu^{2+}$ 等重金属离子的浸出量增高,增加其对环境污染的风险。因此,高硫和中硫尾矿性质更活泼,对环境的危害也较大,需加强此类尾矿的管理。

马少健等[31]采用静态浸泡的方法,研究了溶液初始 pH、尾矿粒度、环境温度对硫化矿尾矿中 $Pb^{2+}$ 和 $Zn^{2+}$ 重金属离子浸出的影响,并粗略估计了 $Pb^{2+}$ 和 $Zn^{2+}$ 浸出的持续时间。结果表明,$Pb^{2+}$ 的浸出浓度与溶液的酸性呈现正相关关系,振荡会加速 $Pb^{2+}$ 浸出量,$Zn^{2+}$ 的两性性质使其在酸、碱条件下的浸出浓度均较高;尾矿越细、环境温度越高,$Pb^{2+}$ 和 $Zn^{2+}$ 的浸出越容易,且 $Zn^{2+}$ 较 $Pb^{2+}$ 更易浸出。该研究为尾矿在南方等多雨地区特别是酸雨严重地区的污染防治管理提供了较好的理论支撑。

之后为进一步考察硫化矿的风化行为及其对环境的威胁,马少健等[32]利用广西某矿厂 0～25cm 厚度内的尾矿进行实验,探究了硫化矿尾矿堆放过程中内部温度变化与堆放时间、pH 和固液比之间的关系和硫化矿尾矿对外界 pH 的缓冲能力。研究结果显示,该尾矿堆放过程中发生的化学变化属于放热反应,尾矿内部温度会升高,且放热与散热达到平衡的时间在第 25～30d;pH 较低的酸性条件下,尾矿内部氧化反应剧烈,相应温度也升高;此外,尾矿对外界淋溶液具有缓冲能力,该能力大小随淋溶时间增加会有下降趋势,且 pH 越低,缓冲能力下降得越早。$Zn^{2+}$ 的浸出量受 pH 和时间的影响比 $Pb^{2+}$ 更大。

马少健等[33]随后以钼矿尾矿为研究对象,通过静态浸泡,定期检测尾矿浸泡液的 pH 和 $Cu^{2+}$ 与 $Pb^{2+}$ 的离子浓度。结果表明,尾矿可将 pH 为酸性的溶液中和到中性状态,并维持不变。固液比为 1：10 的浸泡液中 $Cu^{2+}$ 和 $Pb^{2+}$ 的浓度均在 25d 内达到最大值(分别为 $29.52\mu g/L$ 和 $9.40\mu g/L$),此后浓度下降,并发生振荡。尾矿中 $Cu^{2+}$ 和 $Pb^{2+}$ 的平均浸出率分别为 $0.097\%$ 和 $0.043\%$。钼矿尾矿可在中性条件下长期释放 $Cu^{2+}$ 和 $Pb^{2+}$,且 $Cu^{2+}$ 比 $Pb^{2+}$ 更容易浸出。

为探究不同类型尾矿重金属离子浸出的潜在危害,莫伟等[34]对某钼矿尾矿库尾矿进行连续静态浸泡实验,得出了该尾矿浸泡液中 $Ni^{2+}$ 浸出量随粒度及时间的变化规律。结果表明,尾矿越细,$Ni^{2+}$ 的浸出量就越大;其浸出量的最大值出现在 25d 时,此后将围绕一平均值发生来回振荡。

王翔等[35]对重庆市城口县锰尾矿进行毒性浸出实验,研究了 pH、温度、固液比对 $Pb^{2+}$、$Cd^{2+}$ 浸出量的影响。结果显示,随着 pH 降低、温度升高、固液比减小,$Pb^{2+}$、$Cd^{2+}$ 浸出量会增加。该研究为锰尾矿库的管理提供了参考。

姜艳兴等[36]对广东大宝山某地区土壤和尾矿分别进行重金属离子浸出的研究评估,中性溶液中的淋溶实验结果表明:尾矿中重金属离子浸出量高于土壤中的浸出量;重金属含量的背景值对其淋溶释放量起着极大的支配作用,而且淋溶液的酸性会促进重金属离子的释放。重金属离子的浸出速率随着时间的延长逐渐降低,并在 100h 时趋于平衡;重金属离子按照 $Fe^{3+} > Cu^{2+} > Zn^{2+} > Tl^+ > Pb^{2+} > Cd^{2+}$ 的顺序浸出。该研究表明,重金属离子会在自然雨水的冲刷下从尾矿中浸出,对生态和人民生活造成危害。

谭思佳等[37]以丰顺县尚处于探矿阶段的某铅锌矿为研究对象采用静态浸出和模拟降水动态淋溶实验方法,研究了 pH 和时间对 $Pb^{2+}$、$Zn^{2+}$ 浸出的影响。结果表明,pH 和淋溶时间对 $Zn^{2+}$ 的影响比对 $Pb^{2+}$ 的大,$Zn^{2+}$ 对酸性溶液会更加敏感。

刘奕祯等[38]对广西大厂凤凰选矿厂尾矿中的 $Mn^{2+}$、$Zn^{2+}$、$As^{3+}$ 浸出行为进行研究,主要探讨了浸泡液 pH、固液比、尾矿堆积高度等因素的影响。研究发现,初始 $As^{3+}$ 的浸出量受 pH 的影响很小,$Mn^{2+}$、$Zn^{2+}$ 最容易浸出时 pH 为 3.5,固液比的增加会促进这三种离子的浸出量,尾矿的堆积高度对 $Mn^{2+}$、$Zn^{2+}$ 和 $As^{3+}$ 的浸出均无显著影响。

周新尧等[39]以广东韶关某铀矿的堆积尾矿为研究对象,采用当地雨期的天然降水对尾矿进行静态和动态淋溶实验,研究 U 和 $H^+$、$SO_4^{2-}$ 等污染物的浸出特征和机制,发现静态淋溶的浸出液中 U 和 $SO_4^{2-}$ 的最大浓度分别为 124mg/L、5.28g/L;动态淋溶的浸出液中 U 和 $SO_4^{2-}$ 的最大浓度分别为 438.95mg/L 和 7.9g/L;实验前期,U 和 $SO_4^{2-}$ 的浸出较快,后期逐渐变慢。尾矿表面吸附的铀酰络合物的溶解是 U 浸出较快的主要原因。

## 1.2 纳米金属氧化物吸附重金属离子研究现状

目前,去除重金属离子的技术有多种,吸附、化学沉淀、离子交换、膜过滤等都是一些常用的方法。其中,吸附法因具有去除能力强、无二次污染、吸附材料可回收使用等优点而受到专家学者的重视及推广[40-42]。纳米金属氧化物由于具有颗粒小、比表面积大、催化活性高、吸附活性强等特点,成为处理废水重金属污染最理想的吸附材料之一[41],国内外相关学者对吸附重金属常用的纳米金属氧化物进行了相关研究[42]。

Vassileva 等[43]采用两种不同的技术合成了两种纳米 $CeO_2$,分别是利用 $Ce(NH_4)_2(NO_3)_6$ 通过水热合成法制备的 $CeO_2$(C-1)和利用 $Ce(NO_3)_3$ 通过氧化水解合成的纳米 $CeO_2$(C-2),研究两种纳米 $CeO_2$ 在 pH$\geqslant$7 条件下,对重金属离子 $Cd^{2+}$、$Co^{2+}$、$Cu^{2+}$、$Mn^{2+}$、$Pb^{2+}$、$Fe^{3+}$、$Ni^{2+}$ 和 $Zn^{2+}$ 的吸附效果。结果发现,随着 pH 升高,吸附效率也在上升;pH 为 7~10,其对 $Cd^{2+}$、$Co^{2+}$、$Cu^{2+}$、$Pb^{2+}$ 的吸附结合能更强,吸附效率高;吸附效果与纳米 $CeO_2$ 的表面形貌有很大的关系而与其比表面积关系较小。

Peng 等[44]成功地在碳纳米管(CNTs)上负载了纳米 $CeO_2$,制备出 $CeO_2$-CNTs,用它作为吸附剂来去除废水中的 $As^{3+}$,研究发现其吸附效果受 pH 的影响,且 $Ca^{2+}$ 和 $Mg^{2+}$ 的存在可促进 $CeO_2$-CNTs 对 $As^{3+}$ 的吸附能力,当溶液中

$Ca^{2+}$ 和 $Mg^{2+}$ 的浓度从 0mg/L 变化到 10mg/L 时，$CeO_2$-CNTs 对 As 的吸附量由 10mg/g 分别增加到 81.9mg/g 和 78.8mg/g；且该吸附剂利用 0.1mol/L NaOH 洗涤时，其再生效率为 94%。

Shen 等[45]合成了三种不同粒径（8nm、12nm、35nm）的磁性纳米 $Fe_3O_4$，并利用它们进行 $Ni^{2+}$、$Cu^{2+}$、$Cd^{2+}$ 和 $Cr^{6+}$ 等重金属离子的去除并探究了影响吸附的因素。研究发现，随着磁性纳米 $Fe_3O_4$ 粒径的降低吸附能力明显增加，在室温下（20℃）、pH=4.0 时达到最佳吸附条件，是普通纳米 $Fe_3O_4$ 吸附量的 7 倍。

Afkhami 等[46]利用 2,4 二硝基苯肼（DNPH）修饰纳米 $Al_2O_3$，该材料用于吸附废水中的 $Pb^{2+}$、$Cd^{2+}$、$Cr^{3+}$、$Co^{2+}$、$Ni^{2+}$、$Mn^{2+}$，探究了 pH、吸附剂用量、吸附时间对吸附效果的影响。结果发现，其对 $Pb^{2+}$、$Cd^{2+}$ 和 $Cr^{3+}$ 三种离子具有较高的吸附效果，且 $Pb^{2+}$、$Mn^{2+}$、$Cd^{2+}$ 和 $Cr^{3+}$ 吸附符合弗罗因德利希（Freundlich）等温线模型，而 $Co^{2+}$ 和 $Ni^{2+}$ 符合朗谬尔（Langmuir）等温线模型；经三次洗涤后该被修饰的纳米 $Al_2O_3$ 颗粒仍保持较高的吸附活性，因此，该材料是一种具有发展前景的去除重金属离子的吸附剂。

Yuan 等[47]通过水溶胶法、共沉淀法在硅藻土表面上负载纳米 $Fe_3O_4$，解决磁性纳米 $Fe_3O_4$ 的团聚问题，然后利用其吸附重金属 $Cr^{6+}$。研究发现，纳米 $Fe_3O_4$ 会在硅藻土表面和内部负载，粒径为 15nm，比没有负载的纳米 $Fe_3O_4$ 具有更好的分散性；吸附剂与重金属 $Cr^{6+}$ 发生静电吸引和氧化还原反应使 $Cr^{6+}$ 还原为 $Cr^{3+}$，负载在硅藻土表面的纳米 $Fe_3O_4$ 比未负载的纳米 $Fe_3O_4$ 对重金属离子具有更强的吸附能力且具有更好的热稳定性。

成翠兰等[48]成功制备了纳米 $Fe_2O_3$ 颗粒，并探究不同因素对纳米 $Fe_2O_3$ 吸附 $Hg^{2+}$ 吸附效果的影响，并对吸附机理进行了研究。结果表明，温度和 pH 分别为 19℃ 和 3.5 时，纳米 $Fe_2O_3$ 对 $Hg^{2+}$ 吸附效果较佳；其吸附符合弗罗因德利希（Freundlich）吸附方程。该研究表明，纳米 $Fe_2O_3$ 是一种良好的 $Hg^{2+}$ 吸附剂。

汪婷等[49]采用共沉淀法成功得到了纳米 $Fe_3O_4$，然后分析了纳米 $Fe_3O_4$ 的用量、pH、初始液浓度、温度等因素对同步去除水中 $Pb^{2+}$ 和 $Cr^{3+}$ 的影响。结果显示，纳米 $Fe_3O_4$ 对溶液中 $Pb^{2+}$ 和 $Cr^{3+}$ 的去除为同步吸附过程；$Pb^{2+}$ 的吸附过程是放热且单相吸附，$Cr^{3+}$ 的吸附过程是吸热且多相吸附。该研究表明，纳米 $Fe_3O_4$ 可用于实际工程中多种重金属离子共存废水的原位处理。

代明珠等[41]成功合成了 $Fe_3O_4$/CNTs 复合材料，并使其作为吸附剂吸附放射性废水中的 $Cu^{2+}$。研究发现，该复合材料对 $Cu^{2+}$ 具有高效的去除率，且其具有的超顺磁性使其可通过外磁场实现在水中的快速分离，易于回收利用。因此，该材料有望成为处理放射性废水重金属污染的理想吸附剂。

梁慧锋等[50]自制了 $MnO_2$ 悬浊液，以其为吸附剂探讨了对 $As^{3+}$ 的吸附及其去除机理。研究发现，对 $As^{3+}$ 的去除为吸附和氧化的共同作用，而其他吸附剂如铁氧化物、铝氧化物吸附需预氧化，$MnO_2$ 使吸附过程更便捷；且随着 pH 降低，其对 $As^{3+}$ 的吸附量会增加。

杨威等[51]合成水合 $MnO_2$ 用于吸附饮用水中重金属离子 $Cd^{2+}$。研究发现，水合 $MnO_2$ 对重金属离子 $Cd^{2+}$ 具有优异的去除能力；吸附金属离子 $Cd^{2+}$ 的机理为静电吸附、专属吸附及网捕卷扫综合作用；水合 $MnO_2$ 使 $Cd^{2+}$ 超标的水源达到了饮用水水质标准。

汪数学[52]在沸石表面黏附一层纳米级 $MnO_2$，对其进行改性处理，研究了改性沸石对 $Cr^{3+}$、$As^{3+}$ 的吸附效果，并探讨吸附机理；改性沸石比表面积大、吸附位点多、催化氧化活性高，其对 $Cr^{3+}$ 的吸附主要是由高的活性位点产生的，吸附率达 82%，对 $As^{3+}$ 的去除是氧化和吸附的共同作用，吸附率达到 84%。

## 1.3 铅锌尾矿再利用研究现状

目前，对于铅锌尾矿的综合再利用主要体现在以下四个方面：

（1）尾矿的二次回收。由于很多铅锌尾矿为共伴生组分，在提取铅、锌等有价值的元素后，尾矿中还含有其他有用组分，且对于遗留年代久远的铅锌尾矿，由于受当时选矿技术等因素限制，其中有价资源含量较高[53]。因此，利用相关技术，对铅锌尾矿进行再选，回收利用其中的某些有价值组分是实现铅锌尾矿变废为宝的一种有效途径[54]。

（2）充填采空区。矿山资源被开采后，会造成矿山内部被掏空的现象，若利用其他区域的土壤或其他填充物填补采空区，会增加成本，破坏周遭环境。可直接以铅锌尾矿作为填充原料，对矿山进行充填，不仅节约了充填矿山的成本，而且有效解决了铅锌尾矿堆积带来的问题[55]。

（3）堆土复田。堆土复田是指直接在铅锌尾矿上面种植某些合适的植物，或者将外来土壤覆盖在铅锌尾矿表面，再种植植被。但所种植物一般选择观赏性植物，不宜种植蔬菜和粮食等作物，以免重金属在植物中富集，被人类误食。

（4）用作建筑原材料。尾矿颗粒细小，具有良好的颗粒级配，有些尾矿因经历了不同程度的煅烧和某些化学处理而具有一定的化学活性；且尾矿中的某些成分，如二氧化硅、氧化铝等与建材制品成分相似，可以用作建材生产中的原料。利用铅锌尾矿制备墙体材料、道路材料、装饰材料的报道均有出现[56,57]，且铅锌尾矿建材化可实现资源循环利用和大量消除尾矿，并实现矿山绿色发展。因此，铅锌尾矿用作建筑原料可以大规模消耗固体废弃物，同时降低建材制品生产成本。

铅锌尾矿综合利用的国内外研究现状如下：

Lv 等[58]对提取金之后的氰化尾矿进行金属的综合回收研究,在重金属浮选过程中加入碱性次氯化钠,其作用主要是消除氰化物对环境的负面影响,并使得浮选浆体的 pH 增加到 10 以上,最后获得铜精矿的品位为 13.17%,回收率为 70.00%;锌精矿的品位为 34.72%,回收率为 69.58%。

Yin 等[59]研究了水泥(OPC)和谷壳灰(RHA)共同作用对含铅土壤的固化作用,通过添加不同浓度的 $Pb^{2+}$,分析了试样的凝结时间、抗压强度、晶体变化、$Pb^{2+}$浸出量和浸出液 pH。结果表明,RHA 取代 OPC 使试样的抗压强度略有降低,但仍可达到建筑材料的强度标准。$Pb^{2+}$ 的存在加快了试样的凝结时间,浸出液的 pH 为 11.92~12.78。因此,可利用 RHA 取代部分水泥以节约水泥用量,减少成本。

Desogus 等[60]采用意大利某地区 $Pb^{2+}$、$Zn^{2+}$、$Cd^{2+}$ 浸出浓度较高的铅锌尾矿,用水泥作为黏结剂,适量磷酸二氢钾和氯化铁作为固化重金属的添加剂,并加入少量的 $Ca(OH)_2$,制备适用于建筑工程或者道路工程的材料,并研究试样的重金属离子浸出情况。研究发现,水泥和添加剂的存在使重金属离子处于强碱环境下,抑制了重金属离子的浸出;重金属离子与添加剂之间形成化合物,使其封装在基体内不易浸出。

Zhao 等[61]利用硅质含量较低的尾矿,添加适量的碱激发矿渣和粉煤灰,通过加压和蒸汽养护制备承重砖体。实验得到,尾矿掺量高达 83% 时,砖体仍具有较高的抗压强度和抗折强度,分别为 16.1MPa 和 3.8MPa,且干燥收缩率低和抗冻性能好;之后还研究了成型压力、水灰比和养护制度等对砖体水化产物、抗冻性和抗炭化性等性能的影响。

Choi 等[62]利用水泥固化尾矿中的 $As^{3+}$ 和重金属离子 $Pb^{2+}$,研究了尾矿的理化性质,并用 5%～30% 水泥掺量来制备固化试样,测定试样的抗压强度,利用 KSLT、SPLP 和 TCLP 三种方法评估重金属离子的浸出量。研究发现,最佳的水泥掺量为 7.5%,能够较好地固化重金属离子,且达到要强度求,通过形成 $Ca_3(AsO_4)_2$ 来固化尾矿中的 $As^{3+}$。

Ahmari 等[63]利用地质聚合物法固化尾矿中的重金属离子并将制备得到的地质聚合物砖用作建筑材料,达到了固体废弃物安全有效再利用的目的;测定了地质聚合物砖的抗压强度、吸水率、质量损失量和在不同 pH 下浸泡后的重金属离子浸出量。微观分析发现,浸泡后地质聚合物凝胶数量减少,导致砖体的抗压强度会有所降低,但其吸水率和质量损失量变化较小,重金属离子被地质聚合物的网状结构吸附,使其浸出量较低。

梁嘉琪[56]利用定东锌尾矿为主要原料,原料质量比为 $m$(锌尾矿)：$m$(砂子)：$m$(水泥)＝60：25：15,添加 20% 以上的粗颗粒骨料,经搅拌、成型、自然养护等工序,可以制备得到力学性能、物理性能和放射性指标均符合要求的水泥标砖和空心砌块。

刘冬明[64]以重晶石含量较高的铅锌尾矿为研究对象,研究重晶石浮选技术以对重晶石回收,选用开路流程工艺并精选三次,可得到品位为 93.46% 的重晶石,原矿的回收率达到 88.65%,且添加少量水玻璃可提高浮选时的精矿品位。

宋素亚等[65]以冶金废渣钢渣、矿渣及电厂废渣脱硫石膏为主要原材料,添加少量的硅酸盐水泥及激发剂,制备了一种新型的钢渣-矿渣基全尾矿充填胶结材料,该填充体的胶砂比为 1∶9、固体浓度约为 68%(质量分数)时,28d 抗压强度可达到 2.5MPa 以上,固体废弃物利用率高达 90%,成本较低,具有良好的环境和经济效益。

尹洪峰等[66]分析了邯邢尾矿的基本性质,并以其采用压制成型法制备建筑砖体。研究发现,该尾矿可制备出密度与黏土砖相当、颜色一致性好、抗冻性能好的 MU10 以上建筑砖。

冯启明等[67]在分析青海某铅锌矿的理化性能的基础上,采用骨料 70%~80% 的尾矿、胶结料水泥、激发剂石灰、预孔剂废弃聚苯泡沫及混凝土发泡剂,浇铸成型养护至 28d,得到可作为建筑物承重和非承重填充砌块的轻质免烧砖。

赵新科等[68]利用陕西省南部的某处铅锌尾矿研制了烧结空心砖,尾矿与黏土按照比例混合并加压成型,然后煅烧得到满足国家标准的砖块。该研究有利于当地的环境保护,同时为铅锌尾矿的资源化利用提供了方案。

何哲祥等[69]利用湖南省桥口镇某铅锌尾矿为水泥原料之一,控制其掺量为 6.5%~16.0%,在 1350℃ 煅烧制备硅酸盐水泥熟料,并分析生料的易烧性、熟料的矿物组成及晶体形貌。结果表明,f-CaO 含量最低的尾矿掺量为 12.25%,铅锌尾矿掺量为 12.25%~16%,可制备出强度符合 42.5 强度等级的水泥熟料,且熟料主要矿物 $C_3S$ 形成良好。

李方贤等[70]利用浙江遂昌金矿有限公司的铅锌尾矿代替河砂制备加气混凝土,主要分析了水料质量比、铝粉掺量、浇注温度、铅锌尾矿、水泥和调节剂等因素对加气混凝土性能的影响。结果显示,浇注温度 40~50℃,尾矿粉磨 20min,膨润土的掺量为 2%,各原料质量比为 $m$(水泥)∶$m$(混灰)∶$m$(铅锌尾矿)∶$m$(Al 粉)∶$m$(外加剂)∶$m$(纯碱)=1∶1.5∶3.06∶0.005∶0.005∶0.0047 时,制备出 B06 级加气混凝土砌块。

朱建平等[71]分析了铅锌尾矿的化学组成,其成分与水泥原料相近,并采用三种不同组成的铅锌尾矿为原料探讨制备水泥的可行性,发现其中一种尾矿的配料易烧性优于黏土配料,并可降低生料吸热量,促进熟料的烧成,提高强度。另外两种铅锌尾矿配料的易烧性较差,熟料的重金属离子浸出实验表明,重金属离子已固溶在熟料晶格和水化产物中,生产的水泥安全可靠。

## 1.4　废水中重金属离子铅去除研究现状

尾矿造成重金属离子污染的同时,电子工业、电镀、核技术等的迅猛发展也不可避免地带来大量含重金属离子的废水排出;这些废水中的重金属离子含量都很高,大多超过了排放标准。对于含铅废液,因为微生物难以分解水体中的铅,且$Pb^{2+}$容易为生物体所富集,所以水体中的铅会转化为毒性更强的重金属有机化合物,且更容易通过水系进入人体组织并沉积,由此导致人体组织的过氧化并对人体产生各种危害。因此,对于含铅废水在排放之前的回收利用,不仅能够减缓铅对人类的毒害和对环境的污染,而且能使废水得以循环利用,具有较高的经济、环境和社会效益。

目前除铅的主要方法包括生物吸附法、化学沉淀法、物理化学法等常用方法[72,73],下面对其进行详细阐述。

1) 生物吸附法

生物吸附法是指利用生物体自身的化学结构等进行水中重金属离子的吸附,然后利用固液分离达到去除水中金属离子的目的。该处理方法因高效廉价而得到推广。

2) 化学沉淀法

化学沉淀法是指通过沉淀剂与重金属离子发生化学反应,将水体中的重金属转化为不溶性的化合物,然后进行过滤分离,从而分离水中的重金属。该方法操作方便,在处理高浓度的含铅废水时效果较为明显,主要包括中和沉淀法、硫化物沉淀法和共沉淀法。

3) 物理化学法

物理化学法是指利用物理或化学的方法对$Pb^{2+}$进行吸附,然后从水体中分离$Pb^{2+}$的过程,主要有离子交换法、膜分离法、电解法和吸附法等[74-76]。

吸附法是利用吸附介质的物理或化学功能吸附水体中重金属离子,对废水进行净化的方法。作为水污染治理方法之一,具有操作简便、经济成本低、吸附能力强、吸附效率高等特点,能够高效地去除水中的$Pb^{2+}$。目前已有许多相关的研究报道[77,78]。

# 第 2 章   实验内容与方法

## 2.1   实验原料与仪器设备

### 2.1.1   实验原材料及药品

实验所用的主要原材料如下所示。

水泥:大田县鑫城水泥有限公司生产的 42.5 强度等级的普通硅酸盐水泥。

铅锌尾矿:取自大田县金源矿区、鑫荣矿业、爱鑫选矿厂三个不同矿厂的铅锌尾矿。

石膏:大田县鑫城水泥有限公司提供天然二水石膏($CaSO_4 \cdot 2H_2O$)。

水泥熟料:鑫城水泥有限公司提供的硅酸盐水泥熟料。

减水剂:福建中德新亚建筑材料有限公司生产的聚羧酸高效减水剂。

砂:厦门艾思欧标准砂若干(每袋 1350g±5g)。

实验所用的主要化学药品如表 2-1 所示。

表 2-1   主要实验药品

| 药品 | 分子式 | 纯度 | 生产厂家 |
|---|---|---|---|
| 纳米氧化铈 | $CeO_2$ | 高纯 | 国药集团化学试剂公司 |
| 氢氧化钠 | $NaOH$ | 分析纯 | 国药集团化学试剂公司 |
| 硝酸(浓) | $HNO_3$ | 分析纯 | 汕头市西陇化工股份有限公司 |
| 盐酸 | $HCl$ | 分析纯 | 成都市科龙化工试剂厂 |
| 乙醇 | $C_2H_5OH$ | 分析纯 | 汕头市西陇化工股份有限公司 |
| 硝酸铅 | $Pb(NO_3)_2$ | 分析纯 | 天津市致远化学试剂有限公司 |
| 硅酸钠 | $Na_2SiO_3$ | 分析纯 | 天津市福晨化学试剂厂 |

### 2.1.2   实验仪器及设备

实验所用主要仪器及设备如表 2-2 所示。

## 表 2-2　实验主要仪器及设备

| 名称 | 规格 |
| --- | --- |
| 标准检验筛 | 30 目、80 目 |
| 滚筒式球磨机 | QQM/B 轻型;生产厂家:咸阳金宏通用机械有限公司 |
| 梅特勒-托利多 AE-260 天平 | 量程:200g;精确度:0.001g |
| 电子秤 | 型号:XB160M;生产厂家:上海精科仪器有限公司 |
| 电热鼓风恒温干燥箱 | 101A-1;额定功率:2500W;额定电压:220V;鼓风机功率: 40W;干燥温度:10~300℃;生产厂家:上海康路仪器设备有限公司 |
| 箱式电阻炉 | 型号:SX2-10-13;最大控制功率:10kW;最高控制温度:1300℃; 额定电压范围:50~60V;生产厂家:上海实验电炉厂 |
| pH 计 | 型号:Eutech instruments PH 510;生产厂家:优特仪器有限公司 |
| 水泥胶砂振实台 | 型号:ZS-15 型;生产厂家:天津中路达仪器科技有限公司 |
| 水泥标准稠度仪 | 生产厂家:烟台鑫海铸机有限公司 |
| 雷氏沸煮箱 | 型号:FZ-31 型;生产厂家:河北科析仪器设备有限公司 |
| 水泥负压筛析仪 | 型号:FYS-150B 型;生产厂家:无锡建材仪器厂 |
| 数显式建材压力实验机 | 型号:JYS-2000 A;生产厂家:济南试金集团有限公司制造 |
| 水泥胶砂试验模具 | 规格:长×宽×高=160mm×40mm×40mm |
| 水泥胶砂搅拌机 | 型号:JJ-5 型;生产厂家:无锡市锡鼎建工仪器厂 |
| 水泥净浆搅拌机 | 型号:NJ-160A 型;生产厂家:无锡市锡鼎建工仪器厂 |
| 标准恒温恒湿养护箱 | 型号:SKYH-40B;生产厂家:北京申克试验仪器厂 |
| 电动抗折试验机 | 型号:KZJ-500 型;生产厂家:沈阳长城机电厂 |
| 集热式磁力加热搅拌器 | 型号:DF-101S;生产厂家:金坛市医疗仪器厂 |
| 超存水机 | 型号:GWA-UN1-20;生产厂家:厦门精益仪表有限公司 |
| X 射线粉末衍射仪 | 型号:XD-5A;生产厂家:日本岛津公司 |
| 环境扫描电子显微镜 | 型号:XL30ESEM;荷兰 FEI 公司;成像方式: 二次电子像、背射电子像;加速电压:1~30kV |
| X 射线荧光光谱仪 | 型号:PW2424;厂商:荷兰 Philips 公司 |
| 电感耦合等离子体发射光谱仪 | 型号:Xseries Ⅱ ICP-MS;厂商:美国珀金埃尔默公司 |

## 2.2　铅锌尾矿理化特性分析

不同矿区的铅锌尾矿由于形成过程不同,其成分会有差异,表现出不同的性质。本研究中铅锌尾矿取自大田县金源矿区、爱鑫选矿厂、鑫荣矿业三个矿区,分别记为尾矿 A、尾矿 B 和尾矿 C,按均匀分布点方式采样,将原料风干缩分后,对采集的铅锌尾矿进行原料预处理,将尾矿置于电热鼓风恒温干燥箱中 105℃下烘干水分至恒重,过 30 目筛除去较粗颗粒及其他杂质,放置阴凉处备用。首先对 A、B、C 三种铅锌尾矿进行相关理化性质的分析,主要考察其含水率、有机物含量、pH、火山灰活性[79]、化学组成、物相组成、微观形貌、重金属离子含量等相关性质。对铅锌尾矿理化特性的研究,可以为其后续工作提供基础数据。

### 2.2.1　铅锌尾矿的含水率

称取过筛后的铅锌尾矿 50g,置于鼓风干燥箱中 105℃下烘 6h,然后取出试样,在干燥罐中放置 30min 后取出,称量。测定三种铅锌尾矿的含水率,其计算公式见式(2-1):

$$W = \frac{G_0 - G_1}{G_0} \times 100\%$$ (2-1)

式中,$G_0$ 为干燥前铅锌尾矿的质量,g;$G_1$ 为干燥后铅锌尾矿的质量,g。

经实验测定与计算,尾矿 A 的含水率为 12%,尾矿 B 的含水率为 19%,尾矿 C 的含水率为 14%。三种尾矿含水率均较高。因此,在应用前应先进行干燥处理,且尾矿较高的含水率增加了其中重金属离子的浸出风险。

### 2.2.2　铅锌尾矿的有机物含量

称取干燥的未含水分铅锌尾矿试样 20g,放置于箱式电阻炉中,550℃下保温5h,冷却至室温后称量。有机物含量的计算公式见式(2-2):

$$LOI = \frac{M_0 - M_1}{M_0}$$ (2-2)

式中,$M_0$ 为煅烧前铅锌尾矿的质量,g;$M_1$ 为煅烧后铅锌尾矿的质量,g。

经实验测定与计算,尾矿 A 中的有机物含量为 1.6%,尾矿 B 中的有机物含量为 3.6%,尾矿 C 中的有机物含量为 2.2%。三种铅锌尾矿有机物含量均较低,尾矿 A 中有机物含量最低。

### 2.2.3　铅锌尾矿的 pH

依据《土壤 pH 的测定》(NY/T 1377—2007)标准,对铅锌尾矿样品进行 pH 的测定。采用四分法称取过 2mm 筛的干燥的铅锌尾矿样品 10g(精确至 0.001g)于 100mL 烧杯中,加入 0.01mol/L 氯化钙溶液 25mL(固液比为 1∶2.5),目的是去除其他杂质对溶液 pH 的影响,搅拌 30min,使尾矿充分分散,隔绝空气静置 1h 后,利用 pH 计进行测定,校准后,将 pH 计电极插入待测试样中,待读数稳定后读取 pH。

经测定,尾矿 A、B、C 的 pH 分别为 8.24、8.31 和 7.06。三种铅锌尾矿均呈现弱碱性,这是由于在矿物浮选过程中加入了碱性浮选剂。该性质对重金属离子的浸出具有一定的抑制作用,水化产物也呈碱性,铅锌尾矿的引入不会削减水泥水化产物的碱性。因此,尾矿的加入不会阻碍水泥试块强度的发展。

### 2.2.4　铅锌尾矿的火山灰活性

铅锌尾矿等一些含铝或硅质的火山灰活性材料自身是没有胶凝性的,但遇到水和 $Ca(OH)_2$ 等碱性物质后发生反应,生成水硬性产物,有利于制品强度的发展。因此,建材制品中常掺入这些火山灰质材料提高制品性能,节约生产成本。但火山灰活性的高低是限制火山灰质材料应用的重要因素,因此对材料的火山灰活性进行评价是很有必要的。

本实验按照《用于水泥混合材的工业废渣活性试验方法》(GB/T 12957—2005)标准介绍,利用强度指数法评价三种铅锌尾矿的火山灰活性,铅锌尾矿按照质量分数为 30% 取代部分水泥与未掺加铅锌尾矿的水泥空白样,加入规定需水量,制备的胶砂试块标准养护至 28d,掺 30% 铅锌尾矿与未掺的空白样试块 28d 抗压强度比为火山灰活性指数,指数越高,该材料的火山灰活性越强。强度指数法的计算公式如下:

$$A = \frac{R_1}{R_2} \tag{2-3}$$

式中,$A$ 为火山灰活性指数;$R_1$ 为掺入 30% 铅锌尾矿试块的 28d 抗压强度,MPa;$R_2$ 为空白样 28d 抗压强度,MPa。

为确保实验结果的准确性,每组制备三个试样,取平均值作为试样的 28d 抗压强度。经测定,水泥空白样 28d 的抗压强度平均值为 46.6MPa,铅锌尾矿 A、B、C 的抗压强度平均值分别为 41.5MPa、26.1MPa 和 24.7MPa。由式(2-3)计算可得尾矿 A 的火山灰活性指数为 0.89,尾矿 B 的火山灰活性指数为 0.56,尾矿 C 的火山灰活性指数为 0.53。

可以看出,尾矿 A 的火山灰活性指数明显高于 B、C,可以判断尾矿 A 可作为活性混合材掺入水泥中,B、C 作为非活性混合材使用。

### 2.2.5　铅锌尾矿的化学组成

利用 X 射线荧光(XRF)光谱仪对三种铅锌尾矿进行半定量分析,确定铅锌尾矿中各成分的含量,测试条件及参数为 Rh 靶;高压发生器,2400W Max;元素分析,11Na-92U,铅锌尾矿 A、B、C 化学成分见表 2-3。

表 2-3　铅锌尾矿 A、B、C 尾矿化学成分分析(质量分数)　　(单位:%)

| 原料 | CaO | SiO₂ | Al₂O₃ | Fe₂O₃ | K₂O | MgO | TiO | PbO | ZnO | CuO | 总计 |
|---|---|---|---|---|---|---|---|---|---|---|---|
| 尾矿 A | 20.13 | 47.15 | 3.01 | 16.23 | 0.24 | 1.97 | 0.23 | 2.37 | 6.02 | 1.89 | 99.24 |
| 尾矿 B | 13.58 | 46.25 | 3.56 | 9.73 | 0.13 | 2.25 | 0.61 | 3.45 | 7.89 | 2.56 | 90.01 |
| 尾矿 C | 20.34 | 43.34 | 4.78 | 6.31 | 0.54 | 3.28 | 0.37 | 4.25 | 6.56 | 2.63 | 92.40 |

从表 2-3 的分析结果可以看出,三种铅锌尾矿主要成分均包括 $SiO_2$、$Al_2O_3$、$Fe_2O_3$、CaO、MgO 等,其中三者所含 $SiO_2$ 含量均为最高,为铅锌尾矿作为水泥混合材使用提供了可能,且铅锌尾矿掺入建材制品可引入较多的 CaO、$Al_2O_3$ 和 $Fe_2O_3$,这也会增加尾矿的反应活性。尾矿 A 中 $Fe_2O_3$ 含量达到 16.23%,明显高于其他两种尾矿,因此其火山灰活性较其他尾矿高。尾矿 C 中 $SiO_2$ 含量也很高,达到 43.34%,但并未表现出较高的火山灰活性,可能是由于其所含 $SiO_2$ 并非完全为活性成分,即活性 $SiO_2$ 含量较低。三者尾矿中 MgO 含量均较低,对制品的安定性是有利的。此外,三者还含有少量的 PbO、ZnO、CuO 等氧化物,这些金属氧化物可能会在酸性条件下发生反应,导致重金属离子浸出。

### 2.2.6　铅锌尾矿的物相组成

利用日本理学 X 射线衍射(XRD)仪测试铅锌尾矿粉末的物相,检测各铅锌尾矿的晶体结构参数。测试具体参数为:Cu 靶(Kα),管电压 40kV,管电流 30mA,步长 0.01°,Ni 滤波(λ=1.5418Å),扫描角度 5°～85°,扫描速率为 10°/min。铅锌尾矿 A、B、C 的 XRD 图谱如图 2-1 所示。

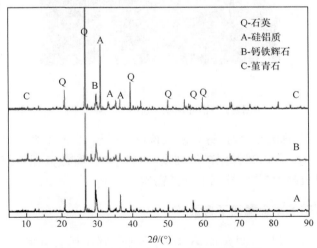

图 2-1　铅锌尾矿 A、B、C 的 XRD 图谱

从图 2-1 可以看出,三种铅锌尾矿的矿物组成较复杂,主要物相均为石英,峰形明显,成分稳定,硅铝质含量较高,使其作为火山灰质材料应用成为可能,且尾矿 A 中含有较多的钙铁辉石,是尾矿 A 中 $Fe_2O_3$ 含量较高的原因,尾矿 B 中含有堇青石,因此其 MgO 含量较高。

### 2.2.7　铅锌尾矿的微观形貌

对试样进行处理后,用 Philips XL 30ESEM 型环境扫描电子显微镜对试样的表面形貌及显微结构进行观察,结果如图 2-2 所示。

(a)尾矿A　　　　　　　　　　　　　(b)尾矿B

(c)尾矿C

图 2-2　铅锌尾矿 A、B、C 的 SEM 图

由图 2-2 可以看出,三种铅锌尾矿颗粒形貌很相似,大多颗粒形貌都呈不规则状,形态多样、大小不一;铅锌尾矿的细度、颗粒形貌、颗粒级配等都会影响重金属离子浸出的难易程度和作为建材制品的需水性。

### 2.2.8　铅锌尾矿的重金属离子含量

准确称取干燥、过 30 目筛的 A、B、C 三种铅锌尾矿各 30g,分别置于 500mL

的烧杯中,固液比为 1 : 10,加入 300mL 调配的王水溶液,烧杯加保鲜膜封口后,以 300r/min 搅拌混合液 24h;停止搅拌后,经 0.45μm 滤膜过滤,取滤液,用 5% 的硝酸稀释定容。采用电感耦合等离子体(ICP)发射光谱仪测定滤液中 $As^{3+}$、$Pb^{2+}$、$Zn^{2+}$、$Cu^{2+}$、$Fe^{3+}$、$Ni^{2+}$、$Cr^{3+}$、$Mn^{2+}$、$Cd^{2+}$ 等重金属离子含量。测定结果如表 2-4 所示。

**表 2-4　A、B、C 铅锌尾矿主要重金属离子含量**　　　(单位:mg/kg)

| 原料 | $As^{3+}$ | $Pb^{2+}$ | $Zn^{2+}$ | $Cu^{2+}$ | $Fe^{3+}$ | $Ni^{2+}$ | $Cr^{3+}$ | $Mn^{2+}$ | $Cd^{2+}$ |
|---|---|---|---|---|---|---|---|---|---|
| 尾矿 A | 23 | 879 | 12480 | 132 | 20684 | 3 | 11 | 21400 | 20 |
| 尾矿 B | 17 | 344 | 2862 | 45 | 359 | 3 | 8 | 345 | 13 |
| 尾矿 C | 4 | 722 | 2556 | 12 | 409 | 2 | 5 | 225 | 2 |

从表 2-4 可以看出,三种铅锌尾矿中 $Pb^{2+}$ 和 $Zn^{2+}$ 含量均较高,$Fe^{3+}$ 和 $Mn^{2+}$ 含量也较高,$As^{3+}$、$Ni^{2+}$、$Cr^{3+}$ 和 $Cd^{2+}$ 等含量相对较低;与 B、C 尾矿相比,A 尾矿中 $As^{3+}$ 和其他各重金属离子的含量均相对偏高。在雨水或者酸雨的冲刷下,铅锌尾矿中含有的重金属离子均有浸出风险,会带来重金属离子污染等一系列生态问题。但重金属离子浸出量的大小与重金属在原料中含量多少没有直接关系,而和重金属的存在状态有关[80]。

## 2.3　实　验　内　容

研究主要内容是:对不同 pH 下三种铅锌尾矿重金属离子的浸出规律进行研究,并利用纳米 $CeO_2$ 进行重金属离子的吸附,探究其吸附重金属离子的工艺条件及吸附机理;探究利用铅锌尾矿作为水泥混合材的可行性,分析铅锌尾矿掺量对水泥标准稠度用水量、凝结时间、体积安定性、抗压强度和抗折强度、重金属离子浸出行为的影响;利用铅锌尾矿环保免烧砖,对环保免烧砖进行抗压强度和抗折强度、重金属离子浸出行为研究,并进一步利用制备的环保免烧砖进行除 $Pb^{2+}$ 实验,探究环保免烧砖吸附环境中重金属离子的可行性。

### 2.3.1　铅锌尾矿重金属离子浸出与修复

考察 pH 对 A、B、C 三种铅锌尾矿重金属离子浸出的影响,有利于了解铅锌尾矿在自然雨水尤其在酸雨环境下重金属离子的浸出情况,避免铅锌尾矿在此 pH 下堆放,是防止铅锌尾矿重金属离子浸出的一种有效措施;同时能够了解不同种类的铅锌尾矿重金属浸出的差异性,为尾矿的安全存放提供依据。

研究纳米 $CeO_2$ 掺量和含重金属离子溶液初始 pH 对纳米 $CeO_2$ 吸附重金属

离子的影响,并对纳米 $CeO_2$ 的吸附机理进行分析。

实验的主要内容包含以下方面:

(1) 不同 pH(3、5、7、9、11)下动态浸泡铅锌尾矿,利用 ICP 测量重金属离子的浸出量。

(2) 考察纳米 $CeO_2$ 的掺量对重金属离子吸附效果的影响。

(3) 考察含重金属离子溶液 pH 对纳米 $CeO_2$ 吸附重金属效果的影响。

(4) 对纳米 $CeO_2$ 的吸附机理进行探讨。

### 2.3.2　铅锌尾矿作水泥混合材

本实验分别利用三种铅锌尾矿与水泥熟料、石膏等原料按照不同的配比混合粉磨制得水泥,探究铅锌尾矿掺量对水泥标准稠度用水量、凝结时间、体积安定性、抗压强度和抗折强度等相关性能的影响,并对水泥进行重金属离子浸出实验,探究铅锌尾矿中重金属离子的浸出行为。

实验的主要内容包含以下方面:

(1) 对掺有铅锌尾矿的水泥进行细度、标准稠度用水量、凝结时间、体积安定性、抗压强度和抗折强度等相关性能测试。

(2) 对养护 28d 的水泥净浆试块进行重金属离子浸出测试。

### 2.3.3　铅锌尾矿制备环保免烧砖

本实验主要是利用三种铅锌尾矿作为原料制备环保免烧砖,对环保免烧砖力学性能和重金属离子浸出行为进行分析,考察免烧砖在工程应用中的力学强度和对环境的安全性问题。之后进一步利用该环保免烧砖进行废水除 $Pb^{2+}$ 的研究,考察吸附时间、溶液初始浓度和 pH 等因素对环保免烧砖吸附 $Pb^{2+}$ 的影响,并对吸附 $Pb^{2+}$ 前后的环保免烧砖试样进行 XRD 和 SEM 分析。

实验的主要内容包含以下方面:

(1) 铅锌尾矿掺量对环保免烧砖的抗压强度和抗折强度影响。

(2) 环保免烧砖的重金属离子浸出行为实验。

(3) 环保免烧砖试样重金属浸出前后的 XRD 和 SEM 分析。

(4) 吸附时间对环保免烧砖吸附 $Pb^{2+}$ 的影响。

(5) 含 $Pb^{2+}$ 溶液初始浓度对环保免烧砖吸附 $Pb^{2+}$ 的影响。

(6) pH 对环保免烧砖吸附 $Pb^{2+}$ 的影响。

(7) 对吸附前后环保免烧砖试样进行 XRD 物相分析和 SEM 微观结构分析。

# 2.4　实验方法

## 2.4.1　铅锌尾矿重金属离子浸出与修复研究实验

不同 pH(3、5、7、9、11)下,对三种铅锌尾矿进行动态浸泡,研究 pH 对铅锌尾矿中不同重金属离子($As^{3+}$、$Pb^{2+}$、$Zn^{2+}$、$Cu^{2+}$、$Fe^{3+}$)浸出的影响,并对不同类型铅锌尾矿中重金属离子浸出的差异性进行比较;然后利用纳米 $CeO_2$ 进行重金属离子吸附实验研究,探究纳米 $CeO_2$ 的掺量及含重金属离子溶液 pH 等工艺条件对纳米 $CeO_2$ 吸附效果的影响,为修复铅锌尾矿浸出的重金属离子提供解决方案。

**1. 溶液初始 pH 对铅锌尾矿重金属离子浸出的影响实验**

配制 0.1mol/L 盐酸和 NaOH 溶液备用,取配制的 0.1mol/L 盐酸和 NaOH 溶液调节 pH 分别为 3、5、7、9 的溶液;然后分别称取 A、B、C 三种铅锌尾矿各 30g,置于 500mL 烧杯中,用移液管分别准确移取 300mL 不同 pH(3、5、7、9)的溶液,加入相应的三种尾矿中,然后将烧杯移至磁力搅拌器,以 300r/min 的转速搅拌 24h,然后经 0.45μm 滤膜过滤,取滤液,用 5% 的硝酸稀释定容。利用 ICP 测定滤液中 $As^{3+}$、$Pb^{2+}$、$Zn^{2+}$、$Cu^{2+}$、$Fe^{3+}$ 五种离子的浸出量。

**2. 纳米 $CeO_2$ 吸附重金属离子实验**

1) 纳米 $CeO_2$ 掺量对铅锌尾矿重金属离子吸附作用的研究实验

称取 30g 铅锌尾矿 A 置于烧杯中,分别称量 0.03g、0.075g、0.15g、0.225g、0.3g 纳米 $CeO_2$ 装入盛有尾矿的烧杯中,加入 300mL pH=7 的溶液,恒速搅拌 24h 后过滤,取滤液进行重金属离子检测。

2) 重金属离子溶液初始 pH 对纳米 $CeO_2$ 吸附率的影响实验

称取 30g 铅锌尾矿 A 与 0.15g 纳米 $CeO_2$ 若干份置于烧杯中,分别加入 300mL pH=3、5、7、9、11 的溶液,在磁力搅拌器上搅拌 24h 后过滤,利用 ICP 测定滤液中 $As^{3+}$、$Pb^{2+}$、$Zn^{2+}$、$Cu^{2+}$、$Fe^{3+}$ 的浓度。然后利用式(2-4)计算纳米 $CeO_2$ 对各重金属离子的吸附率 $\eta$:

$$\eta = \frac{C_0 - C_e}{C_0} \times 100\% \tag{2-4}$$

式中,$C_0$ 为某 pH 下铅锌尾矿 A 中某重金属离子的浸出量,mg/L;$C_e$ 为添加 $CeO_2$ 后该 pH 下该重金属离子的浸出量,mg/L。

## 2.4.2　铅锌尾矿作为水泥混合材的研究实验

利用铅锌尾矿 A、B、C 作为水泥混合材的实验中,确定石膏的掺量为 2.5%,

铅锌尾矿的掺量按照 5%递增,水泥组分熟料、尾矿、石膏的配比见表 2-5～表 2-7。按照配方混合后的各原料放置球磨机内粉磨至规定粒度,然后对水泥进行相关的性能分析。

**表 2-5　掺杂铅锌尾矿 A 的水泥各组分配比**(质量分数)　　（单位:%）

| 组别 | 配比 | | |
| --- | --- | --- | --- |
| | 石膏 | 铅锌尾矿 A | 熟料 |
| SNA-1 | 2.5 | 20 | 77.5 |
| SNA-2 | 2.5 | 25 | 72.5 |
| SNA-3 | 2.5 | 30 | 67.5 |
| SNA-4 | 2.5 | 35 | 62.5 |
| SNA-5 | 2.5 | 40 | 57.5 |
| SNA-6 | 2.5 | 45 | 52.5 |
| SNA-7 | 2.5 | 50 | 47.5 |

**表 2-6　掺杂铅锌尾矿 B 的水泥各组分配比**(质量分数)　　（单位:%）

| 组别 | 配比 | | |
| --- | --- | --- | --- |
| | 石膏 | 铅锌尾矿 B | 熟料 |
| SNB-1 | 2.5 | 10 | 87.5 |
| SNB-2 | 2.5 | 15 | 82.5 |
| SNB-3 | 2.5 | 20 | 77.5 |
| SNB-4 | 2.5 | 25 | 72.5 |
| SNB-5 | 2.5 | 30 | 67.5 |
| SNB-6 | 2.5 | 35 | 62.5 |
| SNB-7 | 2.5 | 40 | 57.5 |

**表 2-7　掺杂铅锌尾矿 C 的水泥各组分配比**(质量分数)　　（单位:%）

| 组别 | 配比 | | |
| --- | --- | --- | --- |
| | 石膏 | 铅锌尾矿 C | 熟料 |
| SNC-1 | 2.5 | 5 | 92.5 |
| SNC-2 | 2.5 | 10 | 87.5 |
| SNC-3 | 2.5 | 15 | 82.5 |
| SNC-4 | 2.5 | 20 | 77.5 |
| SNC-5 | 2.5 | 25 | 72.5 |
| SNC-6 | 2.5 | 30 | 67.5 |
| SNC-7 | 2.5 | 35 | 62.5 |

1. 水泥细度测定实验

按照《水泥细度检验方法 筛析法》(GB/T 1345—2005)，测定水泥细度，并按照式(2-5)计算水泥的筛余量：

$$F = \frac{G_1}{G} \times 100\%  \tag{2-5}$$

式中，$F$ 为水泥的筛余百分比，%；$G_1$ 为筛余后水泥质量，g；$G$ 为筛析前水泥的质量，g。

2. 水泥标准稠度用水量、凝结时间、体积安定性测试实验

按照《水泥标准稠度用水量、凝结时间、安定性检验方法》(GB/T 1346—2011)进行实验。

在 500g 水泥中加入固定量的水 142.5mL，按照式(2-6)计算，以固定用水量法评估水泥标准稠度用水量：

$$P = 33.4 - 0.185S  \tag{2-6}$$

式中，$P$ 为标准稠度用水量，mL；$S$ 为试锥下沉的深度，mm。

采用标准稠度的用水量制备标准稠度净浆试块，然后利用维卡仪测定水泥净浆的初凝时间和终凝时间。

实验中采用试饼法进行水泥体积安定性的测定，沸煮后试饼未发生裂缝，也没发生弯曲，即为安定性合格。

3. 水泥胶砂试块强度测试实验

采用《水泥胶砂强度检验方法(ISO 法)》(GB/T 17671—1999)进行水泥胶砂试块 3d、7d、28d 抗压强度和抗折强度测试实验。其中，抗压强度、抗折强度分别采用数显式建材压力试验机和电动抗折试验机测定。抗压强度的计算为

$$P = \frac{F}{A}  \tag{2-7}$$

式中，$P$ 为抗压强度，MPa；$F$ 为压力，N；$A$ 为面积，mm²。

4. 掺杂铅锌尾矿的水泥重金属离子浸出实验

为考察水泥对铅锌尾矿重金属离子的固化/稳定情况，对养护至 28d 的水泥净浆进行重金属毒性浸出实验。依据《固体废物 浸出毒性浸出方法 硫酸硝酸法》(HJ/T 299—2007)进行水泥净浆中的重金属离子浸出实验，将水泥净浆试块破碎并过 9.5mm 筛备用，硫酸、硝酸以 2∶1 的比例混合，调节 pH 至 3.20±0.05，按照固液比 1∶10 混合浸提液与过筛的水泥净浆颗粒，混合液密封振荡 18h 后过滤，

利用 ICP 测定滤液中 $Pb^{2+}$、$Zn^{2+}$、$Cu^{2+}$、$Fe^{3+}$、$As^{3+}$、$Ni^{2+}$、$Cr^{3+}$、$Mn^{2+}$、$Cd^{2+}$ 重金属离子浓度。以《危险废物鉴别标准 浸出毒性鉴别》(GB 5085.3—2007)标准判定重金属离子浸出量是否超标,探究水泥固化重金属离子的机理。然后,利用式(2-8)计算制备的水泥对各个重金属离子的固化率:

$$I_n = \frac{C_0 - C_e}{C_0} \times 100 \tag{2-8}$$

式中,$I_n$ 为水泥对某重金属离子的固化率,%;$C_0$ 为铅锌尾矿中某种重金属离子的浸出浓度,mg/L;$C_e$ 为水泥固化/稳定后该重金属离子的浸出浓度,mg/L。

### 2.4.3 铅锌尾矿制备环保免烧砖实验

本节主要考察铅锌尾矿 A、B、C 作为原材料生产环保免烧砖的可行性,并对制备的环保免烧砖进行相关性能分析;然后探究该环保免烧砖对废水中 $Pb^{2+}$ 的吸附行为,达到以废治污的目的。

将三种铅锌尾矿分别粉磨至 80 目,随后制备环保免烧砖各组分原料,如铅锌尾矿(A、B、C)、水泥、硅酸钠激发剂、减水剂等按照表 2-8 的配方进行配制,控制拌合物的流动度,保持减水剂用量不变,适当调节用水量。原料混合加入水后,利用水泥净浆搅拌机进行搅拌,搅拌均匀后送至 40mm×40mm×160mm 的模具中振动成型,之后进行脱模处理并对其养护至规定龄期,养护过程中试块分组放置,以便后期进行相关性能分析。

#### 1. 环保免烧砖强度测试实验

依据《砌墙砖试验方法》(GB/T 2542—2012),测定环保免烧砖 3d、7d、28d 的抗压强度和抗折强度。按照式(2-7)计算环保免烧砖的抗压强度;利用电动抗折试验机测定环保免烧砖试块的抗折强度,直接读取示数即可。

表 2-8 环保免烧砖制品原料配比(质量分数) (单位:%)

| 编号 | 尾矿(A、B、C) | 水泥 | 石膏 | $Na_2SiO_3$ | 减水剂 |
|---|---|---|---|---|---|
| MS(A/B/C)-1 | 50 | 46.7 | 1.5 | 1.3 | 0.5 |
| MS(A/B/C)-2 | 55 | 41.5 | 1.5 | 1.5 | 0.5 |
| MS(A/B/C)-3 | 60 | 36.3 | 1.5 | 1.7 | 0.5 |
| MS(A/B/C)-4 | 65 | 31.1 | 1.5 | 1.9 | 0.5 |
| MS(A/B/C)-5 | 70 | 25.9 | 1.5 | 2.1 | 0.5 |
| MS(A/B/C)-6 | 75 | 20.7 | 1.5 | 2.3 | 0.5 |
| MS(A/B/C)-7 | 80 | 15.5 | 1.5 | 2.5 | 0.5 |

2. 环保免烧砖重金属离子浸出实验

利用与 2.4.2 节水泥净浆中重金属离子浸出测试相同的方法，进行环保免烧砖重金属浸出测试，然后以《地表水环境质量标准》(GB 3838—2002)评价环保免烧砖中重金属离子浸出量是否超标，以此评估该环保免烧砖工程使用的安全性问题。

3. 环保免烧砖对 $Pb^{2+}$ 的吸附行为实验

对利用铅锌尾矿 A 制备的环保免烧砖试样 MSA-1、MSA-6、MSA-7 破碎粉磨至粒径小于 $600\mu m$ 备用，准确称量 1.599g 分析纯 $Pb(NO_3)_2$，置于超纯水中溶解；待完全溶解后，将溶液转移到 1L 的容量瓶中，配制成 1.00g/L $Pb^{2+}$ 储备液，以便后续将储备液稀释至需要浓度进行实验，主要进行以下实验内容，所有实验均在室温常压下进行。

1) 吸附时间对环保免烧砖吸附 $Pb^{2+}$ 的影响实验

将 1g/L 储备液稀释成浓度为 50mg/L $Pb^{2+}$ 模拟液，准确移取 50mL $Pb^{2+}$ 溶液至 100mL 的烧杯中；利用 0.1mol/L 的盐酸或 NaOH 溶液，将溶液的 pH 调节为 8。

称量出 1g 免烧砖粉末试样若干份，分别置于起始浓度为 50mg/L 含 $Pb^{2+}$ 模拟液中进行吸附，吸附时间为 10min、20min、30min、40min、50min、60min、80min、100min。

2) 含 $Pb^{2+}$ 溶液初始浓度对环保免烧砖吸附 $Pb^{2+}$ 的影响实验

将 1g/L 储备液分别稀释成 10mg/L、20mg/L、30mg/L、40mg/L、50mg/L、60mg/L、80mg/L、100mg/L 铅离子溶液，分别准确移取 50mL $Pb^{2+}$ 溶液，并利用 0.1mol/L 的盐酸或 NaOH 溶液，将所有实验溶液的 pH 调节至 8；称量出 1g 免烧砖试样粉末若干份，分别置于不同起始浓度的烧杯中进行吸附实验，规定吸附时间为 40min。

3) pH 对环保免烧砖吸附 $Pb^{2+}$ 的影响实验

将 1.00g/L $Pb^{2+}$ 储备液稀释成 50mg/L 模拟液，然后准确移取 50mL 溶液至 100mL 的烧杯中；用 0.1mol/L 的盐酸或 NaOH 溶液调节 pH 分别为 3、4、5、6、7、8、9、10；称取 1g 试样粉末若干份，分别置于不同 pH 的烧杯中进行吸附，设定吸附时间为 90min。

吸附实验结束后，利用 ICP 测定吸附后溶液中 $Pb^{2+}$ 浓度。实验中用环保免烧砖的吸附量 $Q_e$(mg/g)来评价其除 $Pb^{2+}$ 效果，计算公式为

$$Q_e = \frac{V \times (C_0 - C_e)}{m} \times 10^{-3} \qquad (2\text{-}9)$$

式中,$V$ 为溶液的体积,mL;$m$ 为吸附剂的质量,g;$C_0$ 为吸附前模拟液中 $Pb^{2+}$ 的浓度,mg/L;$C_e$ 为吸附后溶液中 $Pb^{2+}$ 的浓度,mg/L。

**4. 环保免烧砖的 XRD 分析和 SEM 分析**

对铅锌尾矿 A 掺量为 80％的环保免烧砖试样(MSA-7)进行重金属离子浸出前后 XRD 和 SEM 分析;对铅锌尾矿 A 掺量为 50％和 80％,吸附条件为吸附时间 40min、溶液初始浓度 50mg/L、pH＝6 的环保免烧砖试样(MSA-1、MSA-7),进行除 $Pb^{2+}$ 前后的 XRD 和 SEM 分析。

将免烧砖试样浸泡在盛有无水乙醇溶液的烧杯中,使其终止水化,在研钵中将试样研磨至粒径为 5$\mu$m 左右,制备出 XRD 测试样品,用于物相分析。将制备的环保免烧砖试样粉末在 60℃以下烘箱中烘干 8h 后备用,利用 XRD 测试它们的物相组成。

XRD 测试具体参数为:Cu 靶(K$\alpha$),管电压 40kV,管电流 30mA,Ni 滤波($\lambda$＝1.5418Å),扫描角度 5°～65°,扫描速率为 10°/min。

将环保免烧砖试样烘干备用,对试样进行处理后,用 SEM 对试样的形貌及显微结构进行拍照,观察重金属离子浸出前后及除 $Pb^{2+}$ 前后环保免烧砖的微观形貌变化。

## 2.4.4　铅锌尾矿烧结砖的制备方法

1) 干燥

将金源矿区铅锌尾矿进行自然干燥,使其中的含水率降到最低。

2) 破碎、球磨、过筛

将铅锌大块铅锌尾矿原料进行破碎,破碎后将尾矿放入球磨罐中进行球磨,球磨结束后采用国家统一标准筛进行筛分,过 30 目筛保存备用。

3) 造粒与陈腐

将过筛后的铅锌尾矿倒入混合容器中,加入适量去离子水,充分搅拌,混合料的含水率一般控制在 10％～20％。将造粒好的物料装入密闭容器或袋中,使其均匀分散,放置 1～2d,使混合料中水分更加均匀分散。

4) 成型

将陈腐后的混合料过筛,使尾矿颗粒粒度均匀,将过筛后的尾矿装入烧结砖模具中,加压成型。

5) 烧制烧结砖

干燥:刚成型的烧结砖先自然干燥 1～3d,然后放入鼓风干燥箱升温到 105℃,充分脱去烧结砖中的水分,以免在烧制过程中烧结砖中因水分过多而开裂。

预加热:烧结砖干燥完成后,放入电阻炉。进入预热阶段,预热温度设定为

300℃,目的是排除烧结砖中残余的水分。

煅烧:烧结砖经预热之后,继续升温至实验方案要求的烧结温度。此过程要注意的是不同阶段电阻炉的升温速率不同,采用梯形温度控制方法,即按程序升温→保温一段时间→程序再升温的过程进行。

冷却:到达最高温度后,按实验要求保温一段时间。结束加热后,采用自然冷却的方法,关闭电阻炉自然冷却到室温。

6) 烧成制度

烧结砖的制备工艺关键是烧制的过程,烧制烧结砖不需要气体保护,在有空气存在的条件下即可进行烧制。其具体的烧制温度变化如下所示:

干燥后的烧结砖试样放入电阻炉中,设定升温速率为 8℃/min;温度升至300℃保温 20min,这一过程为预加热过程,可以使烧结砖试样中的结晶水去掉;温度升至 700℃处保温 20min,此阶段(300～700℃)为烧结砖试样重量损失最快的阶段,主要为含碳物质的燃烧与挥发及少量无机物质的挥发;温度升至 850℃保温20min,此阶段(700～850℃)烧结砖失重较少,主要为无机物质的反应及碳酸盐的分解等;然后达到烧结温度后,保温一段时间,此阶段(850℃～)为烧结砖内的晶型转变期,伴随强烈的热力学变化。保温完成后,结束加热,让烧结砖试样在炉内自然冷却,达到室温后,把试样取出,去除其中出现断裂或破损的样品,然后对样品进行各种性能指标的测试。

### 2.4.5　铅锌尾矿烧结砖的物理性质测定方法

材料的体积密度是分析材料性质的重要依据,它是鉴定材料的基本属性之一,也是进行气孔率、颗粒大小等其他物理性能测试的基础数据。材料结构的特征主要表现在材料的气孔率与吸水率上。在材料研究中,经常通过测定该材料的吸水率与气孔率的方法对相应产品质量做出检测。因此,测定材料尤其是陶瓷材料的气孔率、吸水率及体积密度对生产工艺的改善具有重要意义。

材料的气孔率、吸水率的测定都是根据密度而来的,而密度测定的依据是阿基米德原理。由阿基米德原理可知,一个物体在液体中都要受到浮力(即液体的静压力)的作用,浮力的大小与物体排开液体的重量相等[81]。由于所处的空间不变,在使用天平进行衡量时,对物体重量的测定也就是对其质量的测定。

实验具体操作步骤如下:

(1) 将清洗后的样品放在 105℃下烘干至恒重。置于干燥器中冷却至室温。称取试样质量 $M_1$,精确至 0.001g。最后两次测得的质量之差在 0.1% 以内即认定为恒重。

（2）将试样置于干净容器内,抽真空至小于10Torr*,保压10min,然后在较短时间内注入浸液(去离子水),至试样完全淹没,再保持小于10Torr压力15min后停止,拔掉橡胶管再关真空泵开关,静置30min[82]。

（3）饱和试样表观质量的测定:将饱和试样取出后放入带有悬挂托盘的专用分析天平中称量,托盘浸渍在浸液中(注意试样要完全淹没在液体中,且不能接触托盘挂臂),得到饱和试样的表观质量$M_2$,精确至0.001g,$M_2$即饱和浸液试样的表观质量[82]。

（4）饱和试样质量测定:从浸液中取出试样,用完全浸湿的毛巾轻轻地擦除饱和试样表面上多余的液体(切记不可用纸擦除,以免将气孔中的液体吸出)[82]。用天平称量试样的质量,记作$M_3$,精确至0.001g。

### 1. 铅锌尾矿烧结砖吸水率的测定

将试样放在去离子水中,在一定的温度和时间内浸水后的质量和之前质量的比值称为吸水率。在性能测试中,物体中开口气孔含量通常用吸水率来反映。烧结砖的吸水率按式(2-10)计算:

$$吸水率 = \frac{M_3 - M_1}{M_1} \times 100\% \tag{2-10}$$

式中,$M_1$为烘干试样质量,g;$M_3$为浸水饱和试样质量,g。

### 2. 铅锌尾矿烧结砖体积密度的测定

密度可以分为体积密度、真密度等。体积密度是指物体内不含游离水的条件下,质量与总体积的比值,其单位为g/cm³。真密度则是指材料的实体积下的密度。烧结砖的体积密度按式(2-11)计算:

$$体积密度 = \frac{M_1}{M_3 - M_2} \times \rho_水 \tag{2-11}$$

式中,$M_1$为烘干试样质量,g;$M_2$为浸水饱和试样的表观质量,g;$M_3$为浸水饱和试样质量,g;$\rho_水$为去离子水的密度,g/cm³。

### 3. 铅锌尾矿烧结砖气孔率的测定

气孔率通常用物体中气孔体积与总体积之比来表示。材料中的气孔分为与大气相通的气孔或完全孤立的气孔两种,因此气孔率有真气孔率、闭气孔率和开气孔率之分。材料所有开口气孔的体积占其总体积的百分比称为开气孔率或显气孔率;材料所有封闭气孔的体积占总体积的百分比称为闭气孔率;材料所有气孔的体

---

　*　1Torr=1.33322×10²Pa。

积(开闭气孔体积)占总体积的百分比称为真气孔率[83]。本实验所指的是真气孔率,在确定了体积密度与真密度的条件下,烧结砖的真气孔率按式(2-12)计算:

$$\text{真气孔率} = \left(1 - \frac{\text{体积密度}}{\text{真密度}}\right) \times 100\% \qquad (2\text{-}12)$$

### 2.4.6　铅锌尾矿烧结砖的性能表征

**1. X 射线衍射分析**

X 射线衍射通常是用来研究物质晶相组成与结构的表征手段。通过对 XRD 图谱的分析,利用衍射峰的位置可以得到物相种类、晶格常数、晶胞大小以及粒子的表面积等。

利用日本理学 X 射线衍射仪测试铅锌尾矿烧结砖的物相,检测各烧结砖中的晶体结构参数。测试具体参数为:Cu 靶(Kα),管电压 40kV,管电流 30mA,步长 0.01°,Ni 滤波(λ=1.5418Å),扫描角度 5°～90°,扫描速率为 10°/min。

**2. 扫描电子显微镜分析**

扫描电子显微镜(SEM)主要用于观察材料的微观形貌,通过对材料试样表面微观成像,观察纳米材料粒径和特征。尾矿烧结砖的表观形貌是用荷兰 FEI 公司 XL 30ESEM 型扫描电子显微镜观测的。SEM 测试之前对测定试样进行预处理:

(1) 将需测试的烧结砖试样破碎、研磨成粉末粘贴在金属片上。

(2) 对试样表面进行镀金(Au),要求 Au 在样品均匀分散,以利于提高材料表面的导电性能,便于观察样品形貌。

(3) 将粘有试样的金属片放入仪器中,将仪器中充满液态氮气。

(4) 选择放大倍数,选定区域,测试和观察样品的结构特征。

**3. 抗压强度测试**

在抗压强度测试中,所用仪器为 WDW-300D 型万能试验机,将烧结砖样品放置在仪器底部平台上,然后控制上部圆形十字头平台以 0.5mm/min 的速度向下移动,传感器记录从接触烧结砖到破碎过程所承受的力(N)与上部圆形十字头平台移动的距离(mm)的曲线及数据,最后以烧结砖所承受的最大力值(N)除以烧结砖的接触面积($mm^2$)作为烧结砖的抗压强度(MPa)数据。

**4. 电感耦合等离子体发射光谱(ICP)分析**

实验中以含有重金属离子的铅锌尾矿为原料制备尾矿烧结砖,测试制备的烧结砖样品的安全性与可用性,研究不同条件对烧结砖中重金属离子浸出行为及固化性能的影响规律。本实验采用的是美国产的 Xseries Ⅱ ICP-MS 电感耦合等离子体发射光谱仪,其工作状况为:RF 功率 1.2kW,等离子气流量 15L/min,蠕动泵流速 1.5mL/min,样品冲洗时间 60s,观测方向为轴向。

### 5. 重金属离子浸出方法

浸出实验有不同的目标物质,如重金属离子、挥发性有机物等,目标物质不同浸出方法不同,本书的浸出实验都是以烧结砖中的重金属离子为目标,对浸出模型的选择就可以从影响重金属离子浸出的因素考虑,如颗粒的粒度、物相组成、浸出液的种类、pH、固液接触方式、固液比、浸出时间,在浸出中是否发生络合、氧化还原反应等都可以用来描述不同的浸出过程。

主要采用的重金属离子浸出方法根据国家环境保护行业标准《固体废物　浸出毒性浸出方法　醋酸缓冲溶液法》(HJ/T 300—2007)的规定改进而来[84],具体步骤如下:

(1)将烧结砖样品破碎、研磨后,称取 5g 的铅锌尾矿烧结砖粉末于 250mL 的烧杯中。

(2)加入 100mL 的浸出液(固液比为 1∶20),固定在磁力搅拌机上,以(50±5)r/min 的转速搅拌不同时间。

(3)用 0.45μm 的滤膜经真空抽滤得到透明的滤液,再利用仪器对此澄清滤液测定其中的重金属离子含量。

(4)实验中采用两种浸出液,分别是:用试剂水稀释 17.25mL 的冰醋酸至 1L,pH 为 2.64±0.05 的醋酸缓冲液(AB)和去离子水(DW)。

(5)浸出时间采用 24h 和 30d,这样的目的是能够更加有效地评价铅锌尾矿烧结砖中重金属离子的浸出特性和安全性。

# 第 3 章　铅锌尾矿重金属离子浸出与修复研究

本章主要讨论 pH 对铅锌尾矿中重金属离子(包括 $As^{3+}$ )浸出行为的影响,且对于重金属离子浸出浓度超过《地表水环境质量标准》(GB 3838—2002)中 V 类水要求的铅锌尾矿,进一步探究利用少量的纳米 $CeO_2$ 进行重金属离子吸附实验,讨论纳米 $CeO_2$ 掺量和含重金属离子溶液的初始 pH 对纳米 $CeO_2$ 吸附重金属离子的影响,得到纳米 $CeO_2$ 吸附的较佳吸附工艺,为探究该地区铅锌尾矿重金属离子的浸出提供依据,并为修复铅锌尾矿污染水源提供一条廉价的解决方案。

## 3.1　溶液初始 pH 对铅锌尾矿重金属离子浸出的影响

通过 2.2 节对铅锌尾矿的性质进行分析,得知三种尾矿具有不同的理化特性,利用王水对三种铅锌尾矿进行重金属离子的浸出测试,结果如表 2-4 所示。从表中可以看出,铅锌尾矿 A 中重金属离子 $Pb^{2+}$ 、$Zn^{2+}$ 、$Cd^{2+}$ 的含量超过《土壤环境质量标准》(GB 15618—1995)二级土壤标准,B、C 尾矿中的 $Zn^{2+}$ 、$Cd^{2+}$ 含量也超过了该标准。

为评估铅锌尾矿 A、B、C 中重金属离子在自然雨水淋刷,特别是酸碱等溶液中的浸出情况,本实验的 pH 拟定为 3、5、7、9、11,然后对过 30 目筛的 A、B、C 三种铅锌尾矿进行浸泡,考察其 $As^{3+}$ 和 $Pb^{2+}$ 、$Zn^{2+}$ 、$Cu^{2+}$ 、$Fe^{3+}$ 的浸出情况。

分别称取 30g 铅锌尾矿 A、B、C 各 5 份置于烧杯中,每种尾矿中分别加入 300mL pH=3、5、7、9、11 的水溶液,匀速搅拌 24h 后过滤,测定上述滤液中 $As^{3+}$ 和其他重金属离子的含量,铅锌尾矿 A、B、C 滤液中 $As^{3+}$ 、$Pb^{2+}$ 、$Zn^{2+}$ 、$Cu^{2+}$ 、$Fe^{3+}$ 的浓度分别如图 3-1~图 3-3 所示。

由图 3-1 可以看出,在 pH 为 3 时,铅锌尾矿 A 中 $As^{3+}$ 、$Pb^{2+}$ 、$Zn^{2+}$ 、$Cu^{2+}$ 、$Fe^{3+}$ 浸出量最大,分别为 1.00mg/L、3.00mg/L、10.00mg/L、5.80mg/L、12.50mg/L;pH 为 11 时各重金属离子具有较低的浸出率。pH 在 3~7 时,随着 pH 的增加,$As^{3+}$ 、$Pb^{2+}$ 、$Zn^{2+}$ 、$Cu^{2+}$ 、$Fe^{3+}$ 等离子的浸出量迅速降低;pH 在 7~11 时,浸出量较少,变化幅度较小,基本趋于稳定,$Zn^{2+}$ 、$Cu^{2+}$ 的浸出量有小幅度上升,在实验所用 pH 范围内,铅锌尾矿 A 中 $As^{3+}$ 和其他重金属离子的浸出量均超过《地表水环境质量标准》(GB 3838—2002)中 V 类水要求标准。因此,可以看出铅锌尾矿 A 性质较活泼,重金属离子易浸出,危害周围环境,应加强对铅锌尾矿 A 的管理,避免其有害物质的浸出。

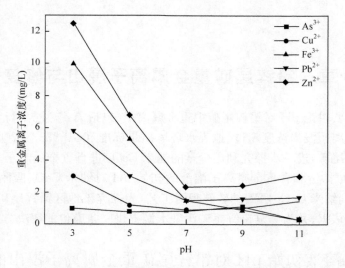

图 3-1　溶液初始 pH 对铅锌尾矿 A 重金属离子浸出的影响

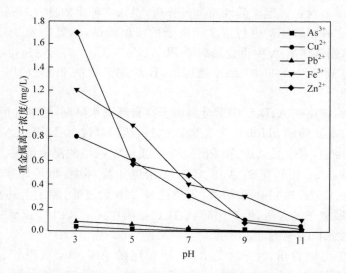

图 3-2　溶液初始 pH 对铅锌尾矿 B 重金属离子浸出的影响

　　铅锌尾矿 B 与 C 中 $As^{3+}$ 和其他重金属离子的最大浸出量也发生在实验所用最小 pH 处,即 pH 为 3 的酸性环境中。铅锌尾矿 B 中 $As^{3+}$、$Pb^{2+}$、$Zn^{2+}$、$Cu^{2+}$、$Fe^{3+}$ 的最大浸出量分别为 0.04mg/L、0.08mg/L、1.70mg/L、0.80mg/L、1.20mg/L;铅锌尾矿 C 中分别为 0.03mg/L、0.07mg/L、1.20mg/L、0.80mg/L、1.00mg/L。之后随着 pH 逐渐增加,重金属离子的浸出量呈现降低趋势,且浸出率随碱性的提高下降较快。这些重金属的浸出量均未超过《地表水环境质量标准》(GB 3838—

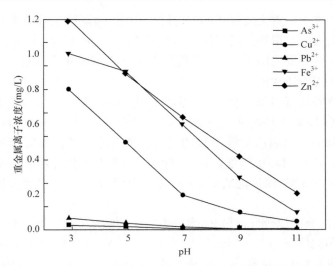

图 3-3　溶液初始 pH 对铅锌尾矿 C 重金属离子浸出的影响

2002)中 V 类水的要求,符合排放标准要求,它们对环境的危害远低于尾矿 A。由图 3-2 和图 3-3 还可以发现,$Pb^{2+}$ 和 $Fe^{3+}$ 较其他重金属易于浸出,因此,这两种重金属可能对环境的威胁较大,在较严峻的环境中,周围环境可能会遭受铅和铁的污染。

在不同 pH 下,重金属离子的浸出规律出现上述现象,这可能是因为铅锌尾矿中的重金属一般以氧化物或者碳酸盐等形式存在,在 pH 较低环境下,溶液酸性较强,这些金属氧化物和碳酸盐等物质会与 $H^+$ 发生化学反应,使重金属分解以离子态释放到溶液中,从而检测出较高浓度的重金属离子。在碱性环境中,有一部分 $Pb^{2+}$、$Zn^{2+}$、$Cu^{2+}$、$Fe^{3+}$ 与溶液中的 $OH^-$ 结合,形成化学性质稳定的氢氧化物沉淀,降低了浸出液中这些重金属离子浓度含量。而铅锌尾矿 A 中 $Zn^{2+}$、$Cu^{2+}$ 浸出量出现上升可能与它们的两性有关,在碱性条件下,$Zn^{2+}$、$Cu^{2+}$ 会形成较复杂的阴离子 $Zn(OH)_3^-$、$Cu(OH)_3^-$,然后重新溶解于溶液中[85],因此,溶液中 $Zn^{2+}$、$Cu^{2+}$ 含量会有所增加。铅锌尾矿 B 和 C 中 $Zn^{2+}$、$Cu^{2+}$ 浸出量并未出现此现象,可能是由于它们中含有的其他金属离子,如 $Mg^{2+}$、$Ca^{2+}$、$Al^{3+}$、$Fe^{3+}$ 等与 $OH^-$ 结合,没有出现 $OH^-$ 过剩的现象。

由以上分析可知,铅锌尾矿所在环境的 pH 对其重金属离子释放有很大的影响,尤其在南方等酸雨严重的地区会加重重金属离子的浸出,更容易造成污染。因此,控制尾矿的酸化是预防尾矿污染尤为重要的途径。

## 3.2　纳米 CeO₂ 掺量对铅锌尾矿重金属离子吸附作用的研究

纳米粉体由于具有比表面积大、吸附活性强等特点,易与重金属离子化学络合。金属氧化物吸附重金属离子的结合键强[86,87],因此纳米金属氧化物作为性能优异的重金属吸附剂得到广泛应用。纳米 $CeO_2$ 比表面积大、表面活性高,在铅锌尾矿中掺加较低含量的纳米 $CeO_2$ 以吸附重金属离子使其不易浸出是解决尾矿重金属污染问题的较佳途径[88]。

由 3.1 节的研究结果可知,铅锌尾矿 A 中 $As^{3+}$、$Pb^{2+}$、$Zn^{2+}$、$Cu^{2+}$、$Fe^{3+}$ 的浸出量均超过了《地表水环境质量标准》(GB 3838—2002)Ⅴ 类水要求,铅锌尾矿 B 和 C 中检测到的重金属浓度较低且均符合标准要求。考虑仪器等检测手段的限制和铅锌尾矿 B、C 对环境的危害程度较低,本节没有对铅锌尾矿 B、C 中重金属离子浸出提出解决方案,仅讨论纳米 $CeO_2$ 掺量对铅锌尾矿 A 中重金属离子吸附作用的影响。

利用 XRD 全谱拟合分析可知,实验中所用的纳米 $CeO_2$ 的晶胞参数为 $a=b=c=5.409$Å,晶胞体积为 $V=158.29$Å²,$CeO_2$ 的颗粒尺寸为 69.80nm。

为探究纳米 $CeO_2$ 吸附 $As^{3+}$、$Pb^{2+}$、$Zn^{2+}$、$Cu^{2+}$、$Fe^{3+}$ 的合适掺量,改变纳米 $CeO_2$ 掺量为铅锌尾矿质量的 0.10%、0.25%、0.50%、0.75%、1.00%,按照 2.4.1 节纳米 $CeO_2$ 吸收重金属离子实验方法进行吸附实验,最后取滤液进行重金属离子浓度测试,结果如图 3-4 所示。

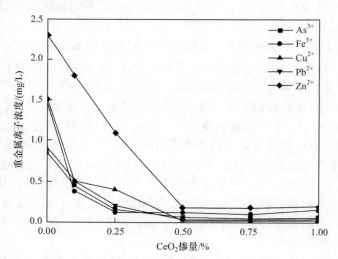

图 3-4 $CeO_2$ 掺量对重金属离子吸附效果的影响

由图 3-4 可以看出,在实验所用纳米 $CeO_2$ 掺量范围内,纳米 $CeO_2$ 对铅锌尾矿 A 中的 $As^{3+}$ 和 $Pb^{2+}$、$Zn^{2+}$、$Cu^{2+}$、$Fe^{3+}$ 均有不同程度的吸附作用;且随着 $CeO_2$ 掺量的增加,这些离子的浸出量逐渐降低,当纳米 $CeO_2$ 掺量为铅锌尾矿的 0.5% 时,对重金属离子的吸附效率几乎达到饱和,溶液中检测到 $As^{3+}$ 的浓度为

0.059mg/L，$Pb^{2+}$的浓度为 0.12mg/L，$Zn^{2+}$的浓度为 0.018mg/L、$Cu^{2+}$的浓度为 0.100mg/L、$Fe^{3+}$的浓度为 0.100mg/L。此时，这些离子的浸出量均低于《地表水环境质量标准》(GB 3838—2002)中 V 类水的要求。当纳米 $CeO_2$ 掺量大于 0.5% 时，溶液中各个金属离子的浓度基本保持不变，可能是因为纳米 $CeO_2$ 掺量较大时，其本身的碰撞接触会阻碍纳米 $CeO_2$ 表面的活性位点，也可能是纳米 $CeO_2$ 之间的静电干扰，影响其表面的电荷堆积[81]。

纳米 $CeO_2$ 之所以对 $As^{3+}$ 和其他重金属离子 $Pb^{2+}$、$Zn^{2+}$、$Cu^{2+}$、$Fe^{3+}$ 产生吸附，主要有以下方面的原因：第一，$CeO_2$ 为纳米级颗粒，具有极大的比表面积和特有的表面效应，对多种金属离子有较强的吸附作用；第二，纳米 $CeO_2$ 与重金属离子间发生了静电吸引作用，且纳米 $CeO_2$ 转变为 $CeO_{2-x}$ 后仍保持其晶体结构，其与重金属离子进行离子交换后，可以使重金属离子吸附在 $CeO_2$ 颗粒表面[87]。

因此，纳米 $CeO_2$ 作为铅锌尾矿 A 中的多种离子的吸附剂，对 $As^{3+}$、$Pb^{2+}$、$Zn^{2+}$、$Cu^{2+}$、$Fe^{3+}$ 具有良好的吸附作用，能够大大减少溶液中这些金属的浓度，为抑制铅锌尾矿重金属浸出提供了一种解决方法。而且从经济角度和吸附效果考虑，纳米 $CeO_2$ 吸附铅锌尾矿 A 中重金属离子的较佳掺量为铅锌尾矿 A 质量的 0.5%。

## 3.3　重金属离子溶液初始 pH 对纳米 $CeO_2$ 吸附率的影响

铅锌尾矿中金属离子的浸出量和纳米 $CeO_2$ 吸附重金属离子的活性均受 pH 的影响，因此，研究不同 pH 下纳米 $CeO_2$ 吸附率的影响是必要的。为探究 pH 对纳米 $CeO_2$ 吸附率的影响，将铅锌尾矿和占其质量 0.5% 的纳米 $CeO_2$ 混合物分为 5 份置于烧杯中，分别加入不同 pH(3、5、7、9、11)溶液，搅拌过滤，将吸附前后测定的各个金属离子浓度分别代入式(2-4)，得出不同 pH 下纳米 $CeO_2$ 吸附各金属离子的吸附率，结果如图 3-5 所示。

从图 3-5 可以看出，随着 pH 的改变，纳米 $CeO_2$ 对 $As^{3+}$ 的吸附率有小幅度的变化，pH 从 3 增加到 11，纳米 $CeO_2$ 对 $As^{3+}$ 的吸附率从 100% 变化到 94%，这表明纳米 $CeO_2$ 对 $As^{3+}$ 的吸附效果受 pH 的影响较小。pH 为 3 时，纳米 $CeO_2$ 对 $Pb^{2+}$、$Zn^{2+}$、$Cu^{2+}$、$Fe^{3+}$ 重金属离子的吸附率较低，分别为 88%、52%、42%、88%。pH 为 5、7、9、11 时，纳米 $CeO_2$ 对这些重金属离子吸附率增加，均具有很好的吸附效果。其中对 $Pb^{2+}$、$Cu^{2+}$ 的吸附率高达 100%，对 $Zn^{2+}$、$Fe^{3+}$ 的吸附率分别达到 94% 和 95%。

上述现象可解释为[82,83]：纳米 $CeO_2$ 表面所带电荷的电性与其零电点(PZC)有关，经检测，$CeO_2$ 在水中 PZC 为 5.5～6.4[84]。当 pH<PZC 时，纳米 $CeO_2$ 表面带正电；当 pH>PZC 时，纳米 $CeO_2$ 表面则会带有负电。而 $As^{5+}$ 在常规水 pH

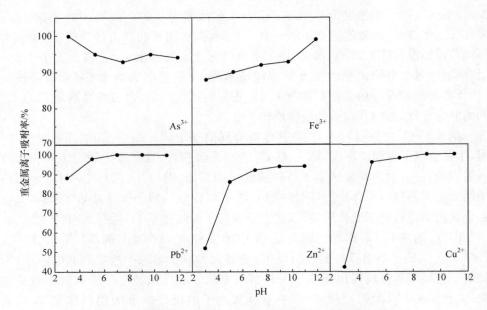

图 3-5　pH 对纳米 $CeO_2$ 吸附铅锌尾矿重金属离子的影响

范围内(4～10),主要以带负电荷的 $H_2AsO_4^-$ 或 $HAsO_4^{2-}$ 形式存在。在 pH 为 3 的酸性环境中,带正电的纳米 $CeO_2$ 可以和带负电的 $H_2AsO_4^-$ 或 $HAsO_4^{2-}$ 发生静电吸引,从而具有吸附 $As^{3+}$ 的效果;溶液中过高的 $H^+$ 浓度导致 $Pb^{2+}$、$Zn^{2+}$、$Cu^{2+}$、$Fe^{3+}$ 的氧化物或碳酸盐分解,致使纳米 $CeO_2$ 的吸附率较低;在 pH 为 5 的弱酸性溶液中,由于静电排斥作用,纳米 $CeO_2$ 能与带正电的 $Pb^{2+}$、$Zn^{2+}$、$Cu^{2+}$、$Fe^{3+}$ 重金属离子稳定存在,但是 $H_2AsO_4^-$、$HAsO_4^{2-}$ 的存在打破了这种平衡,$H_2AsO_4^-$、$HAsO_4^{2-}$ 由于静电作用吸附在纳米 $CeO_2$ 表面,引起纳米 $CeO_2$ 表面不稳定,纳米 $CeO_2$ 颗粒间通过 $H_2AsO_4^-$、$HAsO_4^{2-}$ 相互搭接,构成空间网状结构,进而能够吸附溶液中其他重金属离子,形成聚合物而降低其在溶液中的含量。此外,氧空位的存在使纳米 $CeO_2$ 表面有少量的 $Ce^{3+}$ 存在,可以使 $H_2AsO_4^-$ 和 $HAsO_4^{2-}$ 等具有氧化性的含氧酸根被还原,从而达到消除此类离子的目的。

　　有学者研究表明,金属氧化物通过形成—M—OH 对其他离子产生吸附作用[89]。在溶液中,纳米 $CeO_2$ 表面会形成—Ce—OH 和—Ce—OH$_2^+$,与 $H_2AsO_4^-$、$HAsO_4^{2-}$ 等阴离子发生静电吸引,纳米 $CeO_2$ 对 $H_2AsO_4^-$、$HAsO_4^{2-}$ 等阴离子的吸附机理可以用方程(3-1)和方程(3-2)表示:

$$—Ce—OH + H_2AsO_4^- + e^- \longrightarrow —Ce—H_2AsO_4^- + OH^- \quad (3-1)$$

$$—Ce—OH + HAsO_4^{2-} + e^- \longrightarrow —Ce—HAsO_4^{2-} + OH^- \quad (3-2)$$

反应产物中的 $OH^-$ 可与溶液中的 $Pb^{2+}$、$Zn^{2+}$、$Cu^{2+}$、$Fe^{3+}$ 等阳离子结合,形

成氢氧化物析出，从而消除这些重金属污染物。因此，纳米 $CeO_2$ 在除去 $H_2AsO_4^-$、$HAsO_4^{2-}$ 的同时，可以有效地去除重金属阳离子。

在碱性环境中，$As^{5+}$ 解离为含氧酸根阴离子，纳米 $CeO_2$ 表面由于吸附了阴离子会带有负电荷，且纳米 $CeO_2$ 表面羟基化[90]，也会带有负电荷，因此在碱性环境中随着 pH 的增加纳米 $CeO_2$ 对阴离子的吸附能力会有所降低。$H_2AsO_4^-$、$HAsO_4^{2-}$ 需要克服更大的静电斥力才能被纳米 $CeO_2$ 吸附，因此 $As^{5+}$ 在碱性环境中的吸附较慢。但此碱性环境下，纳米 $CeO_2$ 对 $Pb^{2+}$、$Zn^{2+}$、$Cu^{2+}$、$Fe^{3+}$ 的吸附率升高，主要是因为：第一，$Pb^{2+}$、$Zn^{2+}$、$Cu^{2+}$、$Fe^{3+}$ 等与溶液中的 $OH^-$ 结合形成沉淀物；第二，纳米 $CeO_2$ 羟基化严重，表面带有较多的负电荷，易于与重金属阳离子结合形成络合物。

上述分析结果表明，在 pH＝5～8 的条件下，纳米 $CeO_2$ 对铅锌尾矿 A 中浸出的各种重金属离子具有良好的吸附效果。因此，在自然降水条件下，纳米 $CeO_2$ 可以用于对铅锌尾矿 A 中重金属离子的吸附，防止尾矿中重金属离子流失带来的水土污染。

## 3.4　本 章 小 结

本章首先分析了 pH 对铅锌尾矿 A、B、C 中 $As^{3+}$ 和其他重金属离子 $Pb^{2+}$、$Zn^{2+}$、$Cu^{2+}$、$Fe^{3+}$ 浸出规律的影响，然后探讨纳米 $CeO_2$ 吸附铅锌尾矿 A 中 $As^{3+}$、$Pb^{2+}$、$Zn^{2+}$、$Cu^{2+}$、$Fe^{3+}$ 的适宜掺量及较合适的 pH 范围，对纳米 $CeO_2$ 吸附不同金属的吸附机理进行了探讨。本研究为本地区铅锌尾矿在雨水特别是酸雨等条件下的重金属离子浸出特性提供了参考，为本地区铅锌尾矿的管理提供了方案，且利用较低掺量的纳米 $CeO_2$ 对重金属离子进行吸附，提出了一条成本低廉的重金属离子浸出修复的解决方案，得出以下结论：

（1）pH 影响铅锌尾矿 A、B、C 中 $As^{3+}$、$Pb^{2+}$、$Zn^{2+}$、$Cu^{2+}$、$Fe^{3+}$ 的浸出情况，在酸性条件下，重金属离子的浸出量随着 pH 的降低而增加，$Zn^{2+}$、$Cu^{2+}$ 的浸出量在较强的碱性下有略微增加的趋势；铅锌尾矿 A 性质较活泼，测定的金属离子浸出量均超过《地表水环境质量标准》(GB 3838—2002)中 V 类水要求标准，污染特性不容忽视，铅锌尾矿 B、C 中测定的金属离子浓度符合排放标准要求，它们的危害远低于铅锌尾矿 A。

（2）pH＝3 时，$As^{3+}$、$Pb^{2+}$、$Zn^{2+}$、$Cu^{2+}$、$Fe^{3+}$ 浸出浓度分别为 1.00mg/L、3.00mg/L、10.00mg/L、5.80mg/L、12.50mg/L，当 pH＝7 时，重金属离子溶液中添加质量分数为 0.5% 的纳米 $CeO_2$ 时，$As^{3+}$、$Pb^{2+}$、$Zn^{2+}$、$Cu^{2+}$、$Fe^{3+}$ 浸出浓度分别下降至 0.06mg/L、0.03mg/L、0.18mg/L、0.02mg/L、0.12mg/L。

（3）pH 影响纳米 $CeO_2$ 的吸附活性，纳米 $CeO_2$ 吸附 $As^{3+}$ 和其他重金属离子的较佳 pH 范围为 5～8。此范围内,纳米 $CeO_2$ 对 $As^{3+}$、$Pb^{2+}$、$Zn^{2+}$、$Cu^{2+}$、$Fe^{3+}$ 的吸附率分别是 93%～95%、98%～100%、86%～92%、96%～98%、90%～92%。

(4) 纳米 $CeO_2$ 通过在水中形成—Ce—OH 和—Ce—$OH_2^+$ 与 $H_2AsO_4^-$、$HAsO_4^{2-}$ 等阴离子发生静电吸引达到吸附 $As^{3+}$ 的目的,其反应产生的 $OH^-$ 与溶液中的 $Pb^{2+}$、$Zn^{2+}$、$Cu^{2+}$、$Fe^{3+}$ 金属阳离子结合形成沉淀,使它们在水中浓度降低;弱酸性条件中,带正电的纳米 $CeO_2$ 和 $H_2AsO_4^-$、$HAsO_4^{2-}$ 产生静电吸引,它们相互搭接构成空间网状结构,该结构可吸附其他阳离子,纳米 $CeO_2$ 表面少量 $Ce^{3+}$ 存在,还可使 $As^{3+}$ 被还原,达到清除的效果;碱性环境中,纳米 $CeO_2$ 表面羟基化,对金属阳离子吸附率较高。

# 第 4 章  铅锌尾矿作水泥混合材的研究

水泥混合材是水泥制品不可或缺的组成材料之一,它的加入不仅降低了水泥的成本,而且可以提高水泥品质、调节水泥标号。本章利用铅锌尾矿作为水泥混合材,一方面为铅锌尾矿重金属离子的浸出提供了解决办法;另一方面为铅锌尾矿的大宗化、无害化利用提出了解决思路。

由 2.2 节对三种铅锌尾矿理化特性的分析可知,铅锌尾矿 A、B、C 可以用作水泥混合材,主要有以下几个方面的原因:

(1) 铅锌尾矿 A、B、C 的 pH 均为弱碱性,与水泥水化产物的酸碱性一致。

(2) 由 2.2.4 节可知,三种铅锌尾矿 A、B、C 的火山灰活性指数分别为 0.89、0.56、0.53。它们具有的火山灰活性为其作为水泥混合材使用提供了可能。从数据可以看出,铅锌尾矿 A 的活性较高,B、C 的活性较差。因此,在利用三种铅锌尾矿作为水泥混合材时,可以适当增加尾矿 A 的含量,尾矿 B、C 的相对含量可以减少。火山灰活性指数大于 0.62 的混合材为活性混合材,因此铅锌尾矿 A 作为活性混合材使用,尾矿 B 和 C 作为非活性混合材加入水泥中。

(3) 铅锌尾矿 A、B、C 中均含有较高含量的 $SiO_2$(A 中含量为 47.15%,B 中含量为 46.25%,C 中含量为 53.34%),并且 A 中还具有较高含量的 $Fe_2O_3$,这些活性成分可以与水泥水化产物发生二次水化反应,提高制品的强度。

为寻求作为水泥混合材的最佳尾矿类型及其最佳掺量,研究 A、B、C 三种不同类型的铅锌尾矿及同种尾矿不同掺量对水泥性能的影响,实现铅锌尾矿最大限度的利用,提高经济效益。对掺有铅锌尾矿水泥进行相关性能测试及对水泥净浆中 $Pb^{2+}$、$Zn^{2+}$、$Cu^{2+}$、$Fe^{3+}$、$As^{2+}$、$Ni^{2+}$、$Cr^{3+}$、$Mn^{2+}$、$Cd^{2+}$ 等离子的浸出量进行分析,为综合评估水泥性能提供依据与参考。

## 4.1  铅锌尾矿 A 作水泥混合材的研究

按照表 2-5 中的配方添加铅锌尾矿 A,装进粉磨机内粉磨 1h 后,得到水泥制品,对掺有铅锌尾矿的水泥进行相关性能分析。

### 4.1.1  铅锌尾矿 A 掺量对水泥性能的影响

对掺有不同质量分数的铅锌尾矿 A 的水泥进行细度、标准稠度用水量、初凝和终凝时间、安定性检测,各实验结果汇总见表 4-1。

表 4-1　铅锌尾矿 A 掺量对水泥性能的影响

| 组别 | 铅锌尾矿 A/% | 筛余百分数/% | 标准稠度用水量/% | 初凝时间/min | 终凝时间/min | 安定性 |
|---|---|---|---|---|---|---|
| SNA-1 | 20 | 5.2 | 24.3 | 98 | 197 | 合格 |
| SNA-2 | 25 | 4.6 | 23.8 | 97 | 202 | 合格 |
| SNA-3 | 30 | 4.3 | 24.5 | 102 | 206 | 合格 |
| SNA-4 | 35 | 5.5 | 25.3 | 113 | 213 | 合格 |
| SNA-5 | 40 | 5.8 | 25.6 | 118 | 221 | 合格 |
| SNA-6 | 45 | 6.1 | 25.4 | 121 | 218 | 合格 |
| SNA-7 | 50 | 5.6 | 26.7 | 119 | 220 | 合格 |

　　由表 4-1 可知,负压筛析后的水泥细度均达到了指标要求,即水泥的细度筛余百分数均小于 10%,在实际生产中,粉磨时间延长会相应加大对设备的损耗并增加其他额外成本,因此,从经济角度和水泥性能角度综合考虑,粉磨时间设定为 1h 即可制备出细度符合指标要求的水泥[91]。

　　由于铅锌尾矿 A 颗粒不规则、多棱角,且孔隙率较大,理论上其掺量的增多会增加水泥的用水量。但从实验数据可以看出,当铅锌尾矿 A 掺量分别为 40% 和 45% 时,水泥的筛余百分数分别为 5.8% 和 6.1%,标准稠度用水量分别为 25.6% 和 25.4%;并未出现随尾矿 A 掺量增加需水量增加的现象,这可能是由水泥细度导致的。当水泥的筛余百分数较小时,即水泥细度较细,单位体积用水量会增加。因此,水泥的标准稠度用水量受铅锌尾矿 A 掺量和水泥细度两个因素的影响[92]。

　　当铅锌尾矿 A 掺量分别为 20% 和 50% 时,水泥的初凝时间分别为 98min、119min,终凝时间分别为 197min、220min。可以看出,水泥的初凝和终凝时间随着铅锌尾矿 A 掺量的增加有逐渐延长的趋势,这主要是因为铅锌尾矿与水泥水化产物发生二次水化反应的速率相对水泥水化慢很多,需要一定的时间,所以随着铅锌尾矿 A 掺量的增加,水泥的初凝和终凝时间均有所增加。另外,有研究指出[93],重金属离子在碱性环境中形成的沉淀物等会附着在水泥颗粒表面,阻断水泥颗粒与水的接触,水化反应减慢,重金属离子的存在使水泥的凝结时间延长,且 $Zn^{2+}$ 对水化反应的抑制作用比 $Pb^{2+}$ 更为显著。但在实验所用配方范围内,水泥的初凝和终凝时间仍符合《水泥标准稠度用水量、凝结时间、安定性检验方法》(GB/T 1346—2011)要求。

　　对试饼进行检测显示所有配方的水泥体积安定性合格。

## 4.1.2　铅锌尾矿 A 掺量对水泥强度的影响

　　铅锌尾矿火山灰活性的高低与掺量会影响水泥的机械强度,为评估铅锌尾矿 A 掺量对水泥强度的影响,利用内掺法使铅锌尾矿 A 按照 5％递增的比例等质量取代部分水泥熟料,配制成水泥制品。水泥的抗压强度和抗折强度结果见表 4-2,铅锌尾矿 A 掺量对水泥抗压强度和抗折强度的影响如图 4-1 和图 4-2所示。

表 4-2　铅锌尾矿 A 掺量对水泥的抗压强度和抗折强度的影响

| 组别 | 铅锌尾矿 A/% | 抗压强度/MPa | | | 抗折强度/MPa | | |
|---|---|---|---|---|---|---|---|
| | | 3d | 7d | 28d | 3d | 7d | 28d |
| SNA-1 | 20 | 25.2 | 38.5 | 48.9 | 5.4 | 8.3 | 9.8 |
| SNA-2 | 25 | 22.6 | 36.2 | 45.4 | 4.8 | 7.8 | 9.2 |
| SNA-3 | 30 | 20.3 | 34.8 | 44.3 | 4.3 | 6.7 | 8.7 |
| SNA-4 | 35 | 17.5 | 30.9 | 42.7 | 3.7 | 6.0 | 8.1 |
| SNA-5 | 40 | 15.8 | 28.7 | 41.5 | 3.2 | 5.6 | 7.6 |
| SNA-6 | 45 | 12.3 | 26.1 | 37.8 | 2.8 | 4.7 | 6.9 |
| SNA-7 | 50 | 10.7 | 23.2 | 34.2 | 2.1 | 4.2 | 5.7 |

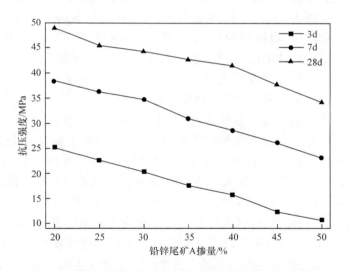

图 4-1　铅锌尾矿 A 掺量对不同龄期水泥抗压强度的影响

　　由表 4-2 可知,当铅锌尾矿 A 掺量为 35％时,水泥 3d、7d、28d 抗压强度分别为 17.5MPa、30.9MPa、42.7MPa,抗折强度分别为 3.7MPa、6.0MPa、8.1MPa。此时,水泥强度达到了 42.5 强度等级通用硅酸盐水泥标准。当铅锌尾矿 A 含量超过 35％时,水泥强度未达到 42.5 强度等级通用硅酸盐水泥强度标准。

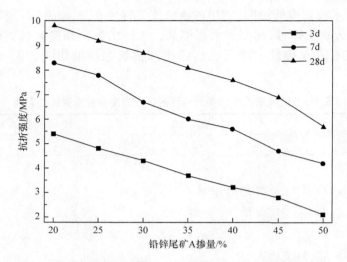

图 4-2　铅锌尾矿 A 掺量对不同龄期水泥抗折强度的影响

　　由图 4-1 和图 4-2 可以看出,水泥的抗压强度和抗折强度随着铅锌尾矿 A 掺量的增加呈现下降趋势,当尾矿掺量从 20％增加到 50％时,水泥胶砂试块 3d、7d、28d 抗压强度分别从 25.2MPa、38.5MPa、48.9MPa 下降到 10.7MPa、23.2MPa、34.2MPa,3d、7d、28d 的抗折强度也分别从 5.4MPa、8.3MPa、9.8MPa 下降到 2.1MPa、4.2MPa、5.7MPa。但从数据分析可知,水泥 28d 抗压强度和抗折强度较 3d、7d 的下降幅度小,主要是因为活性混合材铅锌尾矿 A 的潜在火山灰活性与水化产物发生二次水化反应使其后期强度得到发展。

　　铅锌尾矿 A 作为活性混合材掺入具有以下几个方面作用:

　　(1)通过机械粉磨,提高了铅锌尾矿 A 的细度,增加了颗粒的比表面积[94],使尾矿产生更多具有活性的表面。同时,粉磨使铅锌尾矿 A 颗粒晶格结构发生畸变,形成缺陷,破坏了晶体长程有序的结构,从而为活性发挥提供了前提条件[95]。

　　(2)由 2.2 节铅锌尾矿 A 的化学组成和物相组成分析可知,铅锌尾矿 A 矿物成分复杂,直接结合键弱,可以水解出离子态的 $SiO_2$。尾矿 A 中活性 $SiO_2$ 的含量较高,达到了 47.15％,其本身没有水硬性,但 $SiO_2$ 的存在使矿物酸性提高,使尾矿 A 能够与水化产物 $Ca(OH)_2$ 等发生中和反应。由于 $Ca(OH)_2$ 结合力较低,稳定性差,是水泥基材料的薄弱环节,尾矿 A 中活性 $SiO_2$ 与其发生二次水化反应,减少了产物中 $Ca(OH)_2$ 的含量,且生成的水化硅酸钙(C-S-H)具有胶凝作用。此外,尾矿中的 $Fe_2O_3$、$Al_2O_3$ 也可与 $Ca(OH)_2$ 反应生成水化铁酸钙($CaO \cdot Fe_2O_3 \cdot nH_2O$)和水化铝酸钙($CaO \cdot Al_2O_3 \cdot nH_2O$),这些物质均具有胶凝作用,对水泥胶砂水化过程形成的孔隙和缺陷起到修补作用,阻止水溶液中 $Ca(OH)_2$ 达到饱和,促使熟料矿物水化更彻底,有利于水泥强度和耐久性的提高。

（3）在水化产物等碱性物质激发下，铅锌尾矿 A 中的某些矿物可以水解出的 $K^+$、$Na^+$、$Ca^{2+}$ 等，形成固溶体，促进试块早期强度的发展；且铅锌尾矿中的矿物大都是结晶体，使熟料水化具有更大的空间和多种附生晶面的选择，附着在晶面上，形成晶面引导作用，这是尾矿作混合材固有的特性[96]。

因此，利用铅锌尾矿 A 制备的水泥水化硬化过程是分为两步完成的：

首先，水泥熟料矿物，如硅酸三钙（$C_3S$）、硅酸二钙（$C_2S$）、铝酸三钙（$C_3A$）、铁铝酸四钙（$C_4AF$）等与水接触后，较快生成了 C-S-H、$CaO \cdot Al_2O_3 \cdot nH_2O$、$CaO \cdot Fe_2O_3 \cdot nH_2O$ 与 $Ca(OH)_2$ 等。其反应方程式如式（4-1）~式（4-4）所示。

$$2(3CaO \cdot SiO_2) + 6H_2O \Longequal 3CaO \cdot 2SiO_2 \cdot 3H_2O + 3Ca(OH)_2 \quad (4\text{-}1)$$

$$2(2CaO \cdot SiO_2) + 4H_2O \Longequal 3CaO \cdot 2SiO_2 \cdot 3H_2O + Ca(OH)_2 \quad (4\text{-}2)$$

$$3CaO \cdot Al_2O_3 + 6H_2O \Longequal 3CaO \cdot Al_2O_3 \cdot 6H_2O \quad (4\text{-}3)$$

$$4CaO \cdot Al_2O_3 \cdot Fe_2O_3 + 7H_2O \Longequal 3CaO \cdot Al_2O_3 \cdot 6H_2O + CaO \cdot Fe_2O_3 \cdot H_2O \quad (4\text{-}4)$$

然后，生成的水化产物 $Ca(OH)_2$ 其中有一部分会与 $C_3A$ 反应生成钙矾石晶体，另外还可与铅锌尾矿 A 中的活性成分，主要是 $SiO_2$ 和 $Al_2O_3$ 发生水化反应，它们之间的反应如式（4-5）和式（4-6）所示。

$$SiO_2 + mCa(OH)_2 + xH_2O \Longequal mCaO \cdot SiO_2 \cdot (x+m)H_2O \quad (4\text{-}5)$$

$$Al_2O_3 + nCa(OH)_2 + yH_2O \Longequal nCaO \cdot Al_2O_3 \cdot (y+n)H_2O \quad (4\text{-}6)$$

式（4-5）和式（4-6）产生的具有胶凝性的硅酸钙凝胶等水化产物既能在空气中凝结硬化，也能在水中硬化，从而提高水泥制品的强度。

### 4.1.3　掺杂铅锌尾矿 A 的水泥重金属离子浸出行为研究

为评估水泥水化后铅锌尾矿 A 中重金属离子是否会浸出，即水泥水化产物对铅锌尾矿 A 中重金属离子的固化/稳定情况，对水泥净浆中 $Pb^{2+}$、$Zn^{2+}$、$Cu^{2+}$、$Fe^{3+}$、$As^{3+}$、$Ni^{2+}$、$Cr^{3+}$、$Mn^{2+}$、$Cd^{2+}$ 的浸出浓度进行分析，为水泥使用过程中可能会产生的环境问题提供依据，确保水泥制品的安全性问题。

由 4.1.2 节内容可知，当铅锌尾矿 A 掺量大于 35% 时，水泥强度指标不符合 42.5 强度等级水泥标准。因此，本节主要对铅锌尾矿 A 掺量少于 35% 的水泥制品进行重金属离子的浸出实验，探究水泥水化产物对 SNA-1、SNA-2、SNA-3、SNA-4 组中掺入的铅锌尾矿 A 的固化/稳定行为，其实验结果如图 4-3 所示。

从图 4-3 可以看出，$Ni^{2+}$、$Mn^{2+}$ 等重金属离子的浸出量均很小，浸出液中 $Fe^{3+}$ 的浓度范围为 $0.03 \sim 0.08 mg/L$，且没有检测到 $Cd^{2+}$ 含量，$As^{3+}$、$Pb^{2+}$、$Zn^{2+}$、$Cu^{2+}$、$Cr^{3+}$ 的浓度远低于《危险废物鉴别标准　浸出毒性鉴别》（GB 5085.3—2007）的要求。由此可知，铅锌尾矿 A 中多种重金属离子均被水泥水化产物固化/稳定，不会二次浸出对周围环境造成污染。随着铅锌尾矿 A 掺量的增加，某些重

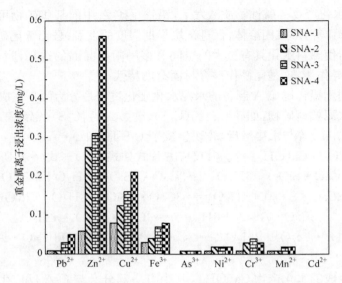

图 4-3  掺杂铅锌尾矿 A 的水泥重金属离子浸出浓度

金属离子如 $Pb^{2+}$、$Zn^{2+}$、$Cu^{2+}$、$Fe^{3+}$ 的浸出量会有所升高,但仍在标准范围之内。这可能是因为铅锌尾矿 A 掺量的增加,导致这些离子的相对含量升高,而水泥熟料相对含量降低,较少的水化产物不足以固化更多的重金属离子,加上较高浓度的重金属离子对水泥水化还具有阻碍作用,水泥对重金属离子的固化效果有限,超过了水化凝胶体的吸附结合能力,所以无法提供足够的 $OH^-$ 使污染物沉淀下来,多余的重金属离子会以游离态存在于基体中,从而引起检测浓度的升高。

之后,利用式(2-8),计算水泥水化产物对铅锌尾矿 A 重金属离子的固化率,结果见表 4-3。

表 4-3  水泥水化产物对铅锌尾矿 A 重金属离子的固化率  (单位:%)

| 组别 | $Pb^{2+}$ | $Zn^{2+}$ | $Cu^{2+}$ | $Fe^{3+}$ | $As^{3+}$ | $Ni^{2+}$ | $Cr^{3+}$ | $Mn^{2+}$ | $Cd^{2+}$ |
|---|---|---|---|---|---|---|---|---|---|
| SNA-1 | 99.01 | 99.98 | 99.39 | 99.99 | 1.00 | 96.66 | 99.09 | 99.99 | 1.00 |
| SNA-2 | 99.98 | 99.97 | 99.09 | 99.99 | 99.56 | 93.33 | 97.27 | 99.99 | 1.00 |
| SNA-3 | 99.96 | 99.97 | 98.78 | 99.99 | 99.56 | 93.33 | 96.36 | 99.99 | 1.00 |
| SNA-4 | 99.94 | 99.95 | 98.40 | 99.99 | 99.56 | 93.33 | 97.27 | 99.99 | 1.00 |

从表 4-3 可以看出,水泥水化产物对各种离子均具有很高的固化率,固化效果明显,其中对 $Cd^{2+}$ 和 $As^{3+}$ 的固化率甚至达到 100%。水泥熟料与水发生水化反应,小颗粒相互靠近聚集成大颗粒,对重金属离子的固化主要是水泥水化产物在起作用,其中 C-S-H 凝胶的作用最大。C-S-H 凝胶比表面积较大,呈多变的无定形状,对吸附重金属离子有很大作用。此外,其对试块强度发展也产生重要影响,是

水泥水化产生强度的主要原因[97]。

由此可见,水泥水化产物对铅锌尾矿重金属离子的固化/稳定行为总结如下:①水泥水化后浆体产生的微孔隙结构及高比表面积对重金属离子的吸附作用,使重金属离子封装在水化产物中不易浸出;②水泥水化产生大量的 $Ca(OH)_2$,使游离态的重金属离子在碱性环境下形成氢氧化物沉淀,吸附在水化凝胶体表面或存在于水化浆体的孔隙中[98]。

## 4.2　铅锌尾矿 B 作水泥混合材的研究

按照表 2-6 的配方对铅锌尾矿 B 作水泥混合材的可行性进行研究,并对水泥进行相关性能分析,从而获得性能优异的水泥制品。

### 4.2.1　铅锌尾矿 B 掺量对水泥性能的影响

对掺有不同含量铅锌尾矿 B 的水泥进行细度筛分、标准稠度用水量、初凝和终凝时间、安定性测试,测试结果见表 4-4。

表 4-4　铅锌尾矿 B 掺量对水泥性能的影响

| 组别 | 铅锌尾矿 B/% | 筛余百分数/% | 标准稠度用水量/% | 初凝时间/min | 终凝时间/min | 安定性 |
|---|---|---|---|---|---|---|
| SNB-1 | 10 | 6.3 | 22.3 | 89 | 189 | 合格 |
| SNB-2 | 15 | 5.6 | 22.9 | 92 | 197 | 合格 |
| SNB-3 | 20 | 6.1 | 23.4 | 99 | 203 | 合格 |
| SNB-4 | 25 | 4.8 | 24.3 | 103 | 208 | 合格 |
| SNB-5 | 30 | 5.3 | 23.8 | 114 | 211 | 合格 |
| SNB-6 | 35 | 3.8 | 24.5 | 111 | 207 | 合格 |
| SNB-7 | 40 | 4.3 | 25.4 | 121 | 210 | 合格 |

从表 4-4 可以看出,水泥的主要性能,如筛余百分数、标准稠度用水量、初凝和终凝时间、安定性指标均为合格。与 4.1 节掺有铅锌尾矿 A 的水泥相比,掺有铅锌尾矿 B 的水泥标准稠度用水量有所降低,这可能与水泥制品的细度有关,细度较细时,其需水量会增加;也与它们的活性有关,掺有 30% 铅锌尾矿 B 的水泥胶砂 28d 的火山灰活性指数小于 0.68,即铅锌尾矿 B 是作为非活性混合材掺入水泥制品中的,因此,其在水泥水化过程中主要起填充作用,不会与水化产物发生二次反应,故其无须消耗过多的水量。

### 4.2.2　铅锌尾矿 B 掺量对水泥强度的影响

对铅锌尾矿进行火山灰活性测试有利于评估尾矿作为水泥混合材的合适掺

量,获得能指导生产的合理掺量[99]。本节对分别掺有 10%、15%、20%、25%、30%、35%、40%的铅锌尾矿 B 的水泥进行 3d、7d、28d 抗压强度和抗折强度分析,寻求铅锌尾矿 B 的最佳掺量,检测结果如图 4-4 和图 4-5 所示。

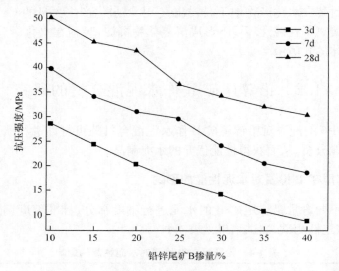

图 4-4　铅锌尾矿 B 掺量对不同龄期水泥抗压强度的影响

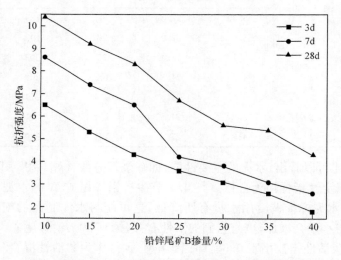

图 4-5　铅锌尾矿 B 掺量对不同龄期水泥抗折强度的影响

从图 4-4 和图 4-5 可以看出,水泥的抗压强度和抗折强度均随着铅锌尾矿 B 掺量的增加而迅速降低,当铅锌尾矿 B 掺量分别为 10%和 40%时,水泥 28d 抗压强度分别达到 50.2MPa 和 30.4MPa,抗折强度分别为 10.4MPa 和 4.3MPa,变化幅度很大。当铅锌尾矿 B 掺量在 20％以下时,水泥强度等级均可达到 42.5 强度等级通用硅酸盐水泥的要求。

### 4.2.3　掺杂铅锌尾矿 B 的水泥重金属离子浸出行为研究

本节对掺杂铅锌尾矿 B 的水泥也进行了重金属离子浸出实验,判定铅锌尾矿 B 中重金属离子的固化/稳定行为,以此评估水泥制品的安全性问题。

对掺杂铅锌尾矿 B 满足 42.5 强度等级的水泥制品进行重金属离子的毒性浸出实验,其中 $Pb^{2+}$、$Zn^{2+}$、$Cu^{2+}$、$Fe^{3+}$、$As^{3+}$、$Ni^{2+}$、$Cr^{3+}$、$Mn^{2+}$、$Cd^{2+}$ 的浸出浓度如图 4-6 所示。

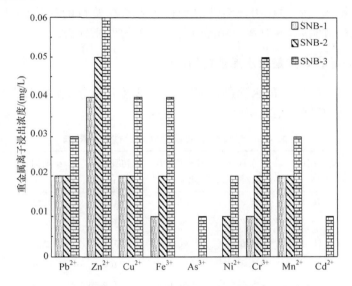

图 4-6　掺杂铅锌尾矿 B 的水泥重金属离子浸出浓度

从图 4-6 可以看出,各种重金属离子被水化产物有效地固化/稳定,重金属离子的浸出量均很低;当铅锌尾矿 B 掺量为 20％时,$Zn^{2+}$ 具有最大的浸出量 0.06mg/L,该值远低于原料中的 $Zn^{2+}$ 浓度且小于《地表水环境质量标准》(GB 3838—2002)中 $Zn^{2+}$ 的阈值。总体来讲,重金属离子浸出量的相对值还是很低,对重金属离子的固化率进行计算,其结果见表 4-5。

表 4-5　水泥水化产物对铅锌尾矿 B 中重金属离子的固化率　　(单位:％)

| 组别 | $Pb^{2+}$ | $Zn^{2+}$ | $Cu^{2+}$ | $Fe^{3+}$ | $As^{3+}$ | $Ni^{2+}$ | $Cr^{3+}$ | $Mn^{2+}$ | $Cd^{2+}$ |
|------|------|------|------|------|------|------|------|------|------|
| SNB-1 | 99.94 | 99.98 | 99.55 | 99.97 | 1.00 | 1.00 | 98.75 | 99.94 | 1.00 |
| SNB-2 | 99.94 | 99.98 | 99.55 | 99.94 | 1.00 | 96.66 | 97.50 | 99.94 | 1.00 |
| SNB-3 | 99.91 | 99.97 | 99.11 | 99.88 | 99.41 | 93.33 | 93.75 | 99.91 | 99.23 |

从表 4-5 可知,水化产物对铅锌尾矿 B 中的各种重金属离子均具有很高的固化率。其中,对 $Ni^{2+}$ 和 $Cr^{3+}$ 的最小的固化率也分别达到 93.33% 和 93.75%。有研究指出[100],水化硫铝酸钙对重金属离子可产生吸附,能与 $Cr^{3+}$ 形成固溶体,达到去除 $Cr^{3+}$ 的目的;水化产物中的 $Ca^{2+}$ 可被 $Cd^{2+}$、$Ni^{2+}$、$Zn^{2+}$ 等取代,$Ni^{3+}$、$Co^{3+}$、$Cr^{3+}$、$Ti^{3+}$ 等重金属离子可被 $Al^{3+}$ 取代,然后与 $OH^-$ 形成沉淀,达到固化这些重金属离子的目的。

## 4.3　铅锌尾矿 C 作水泥混合材的研究

为探究铅锌尾矿 C 作为非活性混合材掺入水泥熟料的最佳掺量,利用表 2-7 进行相关的配方实验,并对水泥制品进行了相关的性能分析。

### 4.3.1　铅锌尾矿 C 掺量对水泥性能的影响

对掺杂铅锌尾矿 C 的水泥进行细度、标准稠度用水量、初凝和终凝时间、安定性的相关测试,其结果见表 4-6。

表 4-6　铅锌尾矿 C 掺量对水泥性能的影响

| 组别 | 铅锌尾矿 C/% | 筛余百分数/% | 标准稠度用水量/% | 初凝时间/min | 终凝时间/min | 安定性 |
|---|---|---|---|---|---|---|
| SNC-1 | 5 | 4.3 | 23.3 | 102 | 229 | 合格 |
| SNC-2 | 10 | 4.2 | 25.9 | 104 | 214 | 合格 |
| SNC-3 | 15 | 3.8 | 24.4 | 114 | 221 | 合格 |
| SNC-4 | 20 | 4.5 | 25.4 | 106 | 236 | 合格 |
| SNC-5 | 25 | 5.2 | 26.1 | 119 | 248 | 合格 |
| SNC-6 | 30 | 5.0 | 23.2 | 128 | 214 | 合格 |
| SNC-7 | 35 | 4.9 | 25.8 | 117 | 237 | 合格 |

从表 4-6 看出,不同掺量的铅锌尾矿 C 制备的水泥的筛余百分数、标准稠度用水量、初凝和终凝时间、安定性等相关指标均符合规范要求。与铅锌尾矿 B 性质相同,铅锌尾矿 C 也属于非活性混合材,其在水泥浆体中起到填充孔隙的作用,使水泥浆体的结构更加致密。

但有研究指出[101],重金属离子的存在不利于水泥的水化作用,尤其对水泥熟料中的 $C_3S$ 的水化具有抑制作用,Zn、Pb、Cu 等氢氧化物会在 $C_3S$ 的表面形成 $CaO(Zn(OH)_2) \cdot 2H_2O$、$Cu_6Al_2O_8CO_3 \cdot 12H_2O$、$Pb_2Al_4O_4(CO_3)_4 \cdot 7H_2O$ 和 $Zn_6Al_2O_8CO_3 \cdot 12H_2O$ 等。这些化合物附着在 $C_3S$ 的表面,使 $C_3S$ 与水的接触受限,导致水化速率降低。因此,重金属离子的存在会延长水泥的初凝和终凝时间,且会对水泥砂浆强度产生不利影响,应控制铅锌尾矿在水泥中的掺量,使其在合理范围之内,但同时也起到消除此类重金属离子的目的。

### 4.3.2　铅锌尾矿 C 掺量对水泥强度的影响

对含有不同掺量铅锌尾矿 C 的水泥进行抗压强度和抗折强度实验,其结果如图 4-7 和图 4-8 所示。

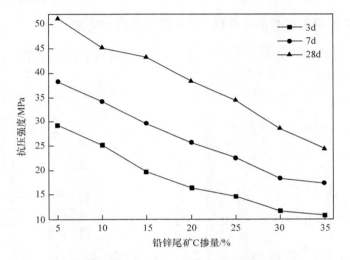

图 4-7　铅锌尾矿 C 掺量对不同龄期水泥抗压强度的影响

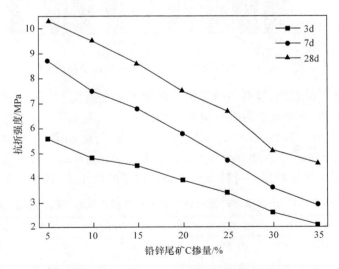

图 4-8　铅锌尾矿 C 掺量对不同龄期水泥抗折强度的影响

由图 4-7 和图 4-8 可以得出,与铅锌尾矿 A、B 制备的水泥抗压强度和抗折强度的变化趋势一致,随着铅锌尾矿 C 掺量的增加,胶砂试块抗压强度和抗折强度均呈下降趋势;当铅锌尾矿 C 掺量为 15% 时,其 28d 的抗压强度达到 43.2MPa,抗折强度为 8.6MPa,满足 42.5 强度等级通用硅酸盐水泥标准;当其掺量继续增加时,抗压强度下降,不足以制备出满足工程实践的合格水泥。因此,铅锌尾矿 C 的掺量应控制在 15% 以下。

### 4.3.3　掺杂铅锌尾矿 C 的水泥重金属离子浸出行为研究

对铅锌尾矿 C 掺量为 5%、10%、15% 的重金属离子的浸出量进行评估,结果如图 4-9 所示。

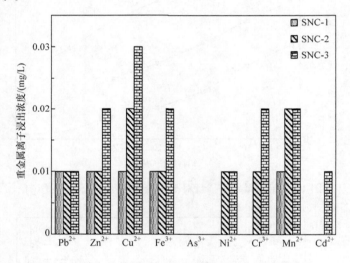

图 4-9　掺杂铅锌尾矿 C 的水泥重金属离子浸出浓度

从图 4-9 可以看出,掺有铅锌尾矿 C 的水泥重金属离子的浸出量均很低,铅锌尾矿 C 中各种重金属离子均能稳定有效地固定在水泥水化产物中。$Pb^{2+}$、$Zn^{2+}$、$Cu^{2+}$、$Fe^{3+}$、$As^{3+}$、$Ni^{2+}$、$Cr^{3+}$、$Mn^{2+}$、$Cd^{2+}$ 的最大浸出量分别为 0.01mg/L、0.02mg/L、0.03mg/L、0.02mg/L、0.00mg/L、0.01mg/L、0.02mg/L、0.02mg/L、0.01mg/L,浸出浓度较低。计算各种重金属离子的固化率,其结果见表 4-7。

表 4-7　水泥水化产物对铅锌尾矿 C 中重金属离子的固化率　(单位:%)

| 组别 | $Pb^{2+}$ | $Zn^{2+}$ | $Cu^{2+}$ | $Fe^{3+}$ | $As^{3+}$ | $Ni^{2+}$ | $Cr^{3+}$ | $Mn^{2+}$ | $Cd^{2+}$ |
|---|---|---|---|---|---|---|---|---|---|
| SNC-1 | 99.98 | 99.99 | 99.16 | 99.97 | 1.00 | 1.00 | 1.00 | 99.95 | 1.00 |
| SNC-2 | 99.98 | 99.99 | 98.33 | 99.97 | 1.00 | 95.00 | 98.00 | 99.91 | 1.00 |
| SNC-3 | 99.98 | 99.99 | 97.5 | 99.95 | 1.00 | 95.00 | 96.00 | 99.91 | 95.00 |

由表 4-7 得出,水泥水化产物对 $As^{3+}$ 的固化率为 $100\%$,对 $Pb^{2+}$、$Zn^{2+}$、$Mn^{2+}$ 的固化率均达到 $99\%$ 以上,其对铅锌尾矿 C 中各种重金属离子的固化率均达到了 $95\%$ 以上。有研究报道[102],溶液中 $SiO_2$ 表面可形成 $SiOH$,该物质为弱酸性。当溶液 pH 较高时,其表面带负电;当 pH 较低时,其表面带正电荷;水泥浆体的强碱性环境使 $SiOH$ 表面带负电,该物质可与重金属阳离子形成静电吸引,对重金属阳离子起到固化/稳定的作用。

## 4.4　本 章 小 结

本章主要对三种铅锌尾矿作水泥混合材进行了可行性研究,分析了铅锌尾矿不同掺量对水泥制品性能的影响,探究了铅锌尾矿 A 二次水化反应机理及水泥水化产物对铅锌尾矿中重金属的固化/稳定行为;研究不但为解决铅锌尾矿重金属离子浸出提供了思路,而且使铅锌尾矿作为水泥混合材使用,为铅锌尾矿的资源化利用提供了方法,具有很强的实际应用价值,主要得出以下结论:

(1) 铅锌尾矿 A、B、C 作水泥混合材,当 A、B、C 三者的掺量分别为 $20\%\sim35\%$、$10\%\sim20\%$、$5\%\sim15\%$ 时,得到的水泥产品的细度、标准稠度用水量、初凝和终凝时间、安定性、抗压强度和抗折强度指标均达到《通用硅酸盐水泥》(GB 175—2007)中 42.5 强度等级标准;综合考虑水泥性能和成本,确定铅锌尾矿 A、B、C 的最佳掺量分别为 $35\%$、$20\%$、$15\%$。

(2) 铅锌尾矿 A 中活性 $SiO_2$、$Fe_2O_3$、$Al_2O_3$ 与水化产物 $Ca(OH)_2$ 反应,生成具有胶凝作用的物质,对水泥浆体中的孔隙和缺陷起到修补作用,促使熟料矿物水化更彻底,可作为活性混合材使用;而铅锌尾矿 B 和 C 活性较低,只能作为非活性混合材使用,其加入在水泥浆体中起到良好的填充作用,在一定程度上对砂浆试块强度下降起到补充作用。

(3) 掺杂铅锌尾矿的水泥中各种重金属离子的浸出量均低于《地表水环境质量标准》(GB 3838—2002)中Ⅴ类水要求标准,水泥水化产物对铅锌尾矿中各种重金属离子的固化率均达到 $93\%$ 以上,铅锌尾矿重金属离子主要通过以下三种方式被固化/稳定:①水泥浆体中大量的微孔隙结构及高比表面积对重金属离子起到良好的吸附作用;②水泥水化产物 $Ca(OH)_2$ 与重金属离子反应产生氢氧化物沉淀,沉淀物被固定在水泥水化产物的凝胶结构中,不易浸出;③在水泥浆体强碱性环境下,$SiO_2$ 形成的 $SiOH$ 表面带负电,对重金属离子产生静电吸引,形成性质稳定的物质,附着在水化产物表面,达到固化重金属离子的目的。

# 第 5 章 铅锌尾矿制备环保免烧砖的研究

本章分别采用三种铅锌尾矿为原料,添加适量石膏、激发剂、减水剂和水泥制备环保免烧砖,探讨研制环保免烧砖的最佳原料配比及工艺参数,并研究环保免烧砖重金属离子的浸出行为[103]。水化产物的产生使基体处于较强的碱性环境中,该条件下水化产物可与重金属离子之间形成沉淀物,这为环保免烧砖作为吸附材料有效地吸附环境中的重金属离子提供可能。因此,本章进一步利用环保免烧砖作为重金属离子的吸附剂进行废水除 $Pb^{2+}$ 实验,探讨吸附时间、含 $Pb^{2+}$ 溶液初始浓度、pH 对环保免烧砖吸附量的影响。不仅利用铅锌尾矿制备环保免烧砖,而且进一步拓宽该环保免烧砖的使用场合,利用该环保免烧砖进行环境中重金属离子的吸附研究,有望使该环保免烧砖在重金属离子含量较高的堤坝、河流、水下建筑等环境中工作,拓宽常规砖体的使用范围。

## 5.1 铅锌尾矿掺量对环保免烧砖强度的影响

按照表 2-8 的配方分别添加不同掺量的铅锌尾矿 A、B、C 制备环保免烧砖,测定不同配方制备的环保免烧砖强度,探讨铅锌尾矿掺量与环保免烧砖强度之间的关系,寻求铅锌尾矿的最佳掺量。

### 5.1.1 铅锌尾矿 A 掺量对环保免烧砖强度的影响

利用掺加不同量的铅锌尾矿 A 制备环保免烧砖,对环保免烧砖进行抗压强度和抗折强度测定,结果如图 5-1 和图 5-2 所示。

从图 5-1 和图 5-2 中可以看出,随着水泥这种胶凝材料含量的降低,铅锌尾矿 A 掺量相应增加,环保免烧砖的抗压强度和抗折强度逐渐下降。当尾矿 A 掺量为 70% 时,环保免烧砖的 28d 抗压强度和抗折强度分别为 20.4MPa 和 5.8MPa,达到了《非烧结垃圾尾矿砖》(JC/T 422—2007)MU20 强度等级;当尾矿 A 掺量为 80% 时,该环保免烧砖的 28d 抗压强度和抗折强度分别为 15.1MPa 和 4.3MPa,也达到了 MU15 强度等级。

因此,利用铅锌尾矿 A 制备环保免烧砖的方案是可行的,由于铅锌尾矿 A 较高的火山灰活性及激发剂硅酸钠对其活性的激发,铅锌尾矿在环保免烧砖制品中的含量相对较高。

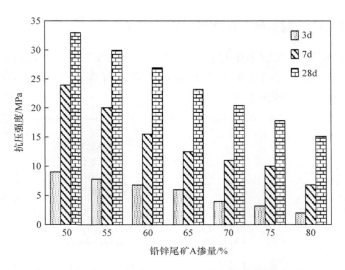

图 5-1 铅锌尾矿 A 掺量对环保免烧砖抗压强度的影响

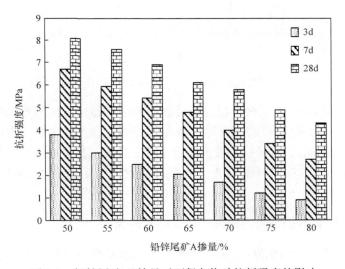

图 5-2 铅锌尾矿 A 掺量对环保免烧砖抗折强度的影响

$Na_2SiO_3$ 对铅锌尾矿 A 的激发作用本质上属于强碱激发，$Na_2SiO_3$ 水解会产生大量的 $OH^-$，铅锌尾矿 A 中活性 $SiO_2$、$Al_2O_3$ 的 Si—O 和 Al—O 键在 $OH^-$ 的作用下发生断裂，$OH^-$ 浓度越大，Si—O 键和 Al—O 键越易断裂与碱性物质发生反应，且 $Na_2SiO_3$ 水解生成的硅胶与水化产物中的 $Ca^{2+}$ 发生反应生成 C-S-H 凝胶，增强了环保免烧砖基体的强度，且一定程度上加快了铅锌尾矿与 $Ca(OH)_2$ 的反应速率。

### 5.1.2　铅锌尾矿 A 制备的环保免烧砖 XRD 分析

对利用铅锌尾矿 A 制备的环保免烧砖制品 MSA-1、MSA-5、MSA-7 28d 试样进行 XRD 分析,以探究铅锌尾矿 A 的不同掺量对环保免烧砖制品微观结构的影响,测试结果如图 5-3 所示。

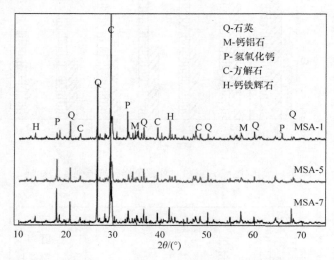

图 5-3　环保免烧砖 MSA-1、MSA-5、MSA-7 XRD 图谱

从图 5-3 可以看出,三种环保免烧砖制品的主要物相组成基本相同,主要是石英、氢氧化钙、钙铝石和钙铁辉石等。各相含量差别较大,其中 MSA-1 的物相组成较复杂,可能是由于水泥掺量较多发生了较复杂的二次水化反应。MSA-7 中石英相含量较多,可说明铅锌尾矿 A 与水泥反应没有完全,因此也是其相对强度较低的原因。

### 5.1.3　铅锌尾矿 B 掺量对环保免烧砖强度的影响

同样按照表 2-8 的配方,利用铅锌尾矿 B 制备环保免烧砖制品,对制备的环保免烧砖进行抗压强度和抗折强度测试,结果如图 5-4 和图 5-5 所示。

从图 5-4 和图 5-5 可以看出,当铅锌尾矿 B 掺量为 65％时,环保免烧砖的 28d 抗压强度和抗折强度分别为 21.2MPa、5.0MPa,达到 MU20 强度等级要求;当铅锌尾矿 B 掺量为 70％时,其 28d 抗压强度和抗折强度分别为 16.4MPa、4.6MPa,达到 MU15 强度等级标准。

环保免烧砖的抗压强度和抗折强度均随着铅锌尾矿 B 的增加呈现下降趋势,但下降幅度不是很大,这主要是因为基体中某些活性物质及铅锌尾矿 B 的火山灰活性被激发,虽然铅锌尾矿 B 的火山灰活性很低,但其不仅受到水泥水化生成的

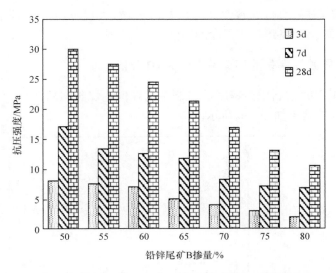

图 5-4　铅锌尾矿 B 掺量对环保免烧砖抗压强度的影响

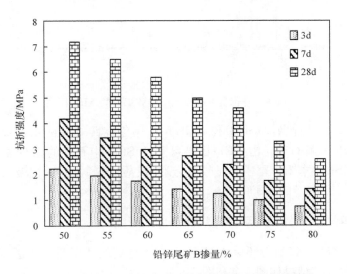

图 5-5　铅锌尾矿 B 掺量对环保免烧砖抗折强度的影响

$Ca(OH)_2$ 等碱激发的作用,而且掺加的硅酸钠激发剂和石膏会对其产生激发作用,铅锌尾矿 B 的活性受到一定程度的激发,使环保免烧砖的强度一定程度上有所提高。

还有研究指出[21],在铅锌尾矿、水泥和水接触的过程中,铅锌尾矿中二氧化硅的 Si—O—Si 键和水反应形成 Si—OH—Si 键,生成硅酸胶体颗粒,该颗粒表面的 $Na^+$ 或 $K^+$ 与水化产物 $Ca(OH)_2$ 中的 $Ca^{2+}$ 吸附交换,使铅锌尾矿颗粒表面吸附的

$Ca^{2+}$ 形成的扩散层变薄,导致铅锌尾矿颗粒分散,大量分散的铅锌尾矿形成较大的团粒,促进环保免烧砖基体强度的增强。

### 5.1.4　铅锌尾矿 B 制备的环保免烧砖 XRD 分析

对养护至 28d 的利用铅锌尾矿 B 制备的环保免烧砖制品 MSB-4、MSB-5 进行 XRD 分析,测试结果如图 5-6 所示。

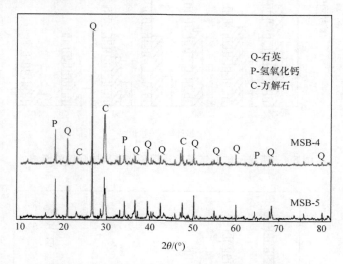

图 5-6　环保免烧砖 MSB-4、MSB-5 的 XRD 图谱

从图 5-6 可以看出,MSB-4 和 MSB-5 环保免烧砖制品的主要物相组成是石英、氢氧化钙、方解石等。由 XRD 图谱可知,MSB-5 中石英的相对含量较高,这主要是由于 MSB-5 中铅锌尾矿含量较高,没有反应完全。因此,MSB-5 制品的强度较低。

### 5.1.5　铅锌尾矿 C 掺量对环保免烧砖强度的影响

利用铅锌尾矿 C 制备环保免烧砖,对制备得到的环保免烧砖进行抗压强度和抗折强度测试,其结果如图 5-7 和图 5-8 所示。

从图 5-7 和图 5-8 可知,当铅锌尾矿 C 掺量为 50% 时,制备的环保免烧砖达到 MU20 强度等级要求,其 28d 抗压强度为 20.7MPa,抗折强度为 6.6MPa;当铅锌尾矿 C 掺量为 65% 时,环保免烧砖强度等级达到 MU15 强度等级要求,此时 28d 的抗压强度和抗折强度分别为 15.6MPa 和 4.2MPa。

与铅锌尾矿 B 制备的环保免烧砖强度变化趋势一致,随着铅锌尾矿 C 掺量的增加,环保免烧砖的抗压、抗折强度均呈现下降趋势。但添加的激发剂和石膏对铅锌尾矿 C 活性的激发作用,使其制备的环保免烧砖具有相当高的强度。其中石膏

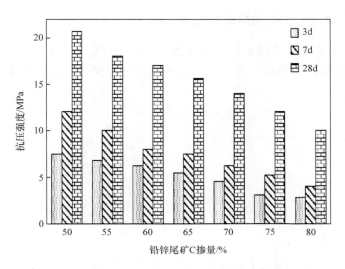

图 5-7　铅锌尾矿 C 掺量对环保免烧砖抗压强度的影响

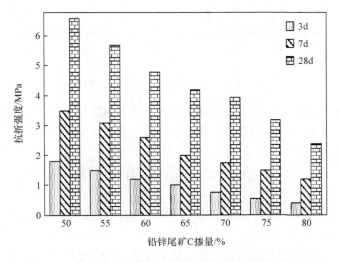

图 5-8　铅锌尾矿 C 掺量对环保免烧砖抗折强度的影响

对尾矿的主要作用机理是水解产生的 $SO_4^{2-}$ 与铝酸钙生成水化硫铝酸钙,黏附在铅锌尾矿颗粒表面呈纤维状或网络状,水化硫铝酸钙中的 $Ca^{2+}$ 扩散至铅锌尾矿颗粒内部与活性成分 $SiO_2$、$Al_2O_3$ 反应;且 $SO_4^{2-}$ 可置换出 C-S-H 凝胶中的 $SiO_3^{2-}$,被置换出的 $SiO_3^{2-}$ 又可与外层水化硫铝酸钙中的 $Ca^{2+}$ 生成 C-S-H 凝胶,使环保免烧砖制品具有较高强度[104]。

### 5.1.6　铅锌尾矿 C 制备的环保免烧砖 XRD 分析

对利用铅锌尾矿 C 制备的环保免烧砖制品 MSC-1 和 MSC-4 28d 试样进行 XRD 分析,考察铅锌尾矿 C 掺量对环保免烧砖制品微观组成的影响,测试结果如图 5-9 所示。

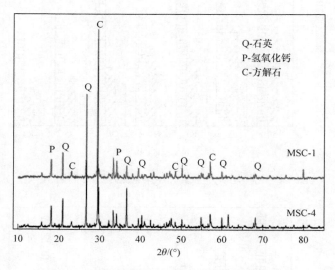

图 5-9　环保免烧砖 MSC-1、MSC-4 XRD 图谱

从图 5-9 可以看出,环保免烧砖制品的主要物相组成为石英、氢氧化钙和方解石,MSC-1 与 MSC-4 两者物相组成的差别较小。

## 5.2　环保免烧砖重金属离子浸出特性

由 4.1.3 节、4.2.3 节、4.3.3 节的分析可知,水泥的水化产物能够有效固化铅锌尾矿中的重金属离子[105]。为评估重金属浸出的最大风险,本节主要对制备强度符合 MU20 和 MU15 的环保免烧砖进行重金属离子浸出实验,以评估该环保免烧砖在实际工程应用中对环境的安全性[106]。

### 5.2.1　铅锌尾矿 A 制备的环保免烧砖重金属离子浸出特性

对配方为 MSA-4、MSA-5、MSA-6、MSA-7,即铅锌尾矿掺量为 65％、70％、75％、80％制备的环保免烧砖进行重金属离子浸出实验,测定的实验结果见表 5-1。

**表 5-1　铅锌尾矿 A 制备环保免烧砖重金属离子浸出结果**（单位：mg/L）

| 组别 | $Pb^{2+}$ | $Zn^{2+}$ | $Cu^{2+}$ | $Fe^{3+}$ | $As^{3+}$ | $Ni^{2+}$ | $Cr^{3+}$ | $Mn^{2+}$ | $Cd^{2+}$ |
|---|---|---|---|---|---|---|---|---|---|
| MSA-4 | 0.03 | 0.61 | 0.15 | 0.08 | ND | 0.02 | 0.02 | 0.02 | ND |
| MSA-5 | 0.04 | 0.67 | 0.21 | 0.09 | 0.01 | 0.03 | 0.03 | 0.03 | ND |
| MSA-6 | 0.05 | 0.68 | 0.26 | 0.12 | 0.02 | 0.04 | 0.03 | 0.03 | ND |
| MSA-7 | 0.05 | 0.72 | 0.31 | 0.14 | 0.02 | 0.04 | 0.04 | 0.04 | ND |

注：ND 表示未检测，下表中同此。

由表 5-1 可以得知，铅锌尾矿 A 中的多种重金属离子被有效固化，重金属离子的浸出量均满足《地表水环境质量标准》（GB 3838—2002）中 V 类水要求标准，$Zn^{2+}$ 可与环保免烧砖中的水泥水化产物生成 $Ca[Zn(OH)_3H_2O]_2$ 等沉淀物，胶结铅锌尾矿颗粒，填充孔隙，促进基体强度的提高；而 CSH、CAH 等胶凝材料可以吸附重金属离子，与重金属离子化学结合，将重金属离子包裹在其结构中[93]。$Pb^{2+}$ 的固化主要依赖水化凝胶体与铅锌尾矿颗粒的吸附和化学结合，$Zn^{2+}$ 的固化主要通过形成大量的不溶或难溶物质附着在固化胶体表面或存在于基体孔隙中。

### 5.2.2　铅锌尾矿 B 制备的环保免烧砖重金属离子浸出特性

对铅锌尾矿 B 掺量为 55%、60%、65%、70% 的环保免烧砖（MSB-2、MSB-3、MSB-4、MSB-5）进行重金属离子的浸出实验，重金属离子的浸出量见表 5-2。

**表 5-2　铅锌尾矿 B 制备环保免烧砖中重金属离子浸出结果**　（单位：mg/L）

| 组别 | $Pb^{2+}$ | $Zn^{2+}$ | $Cu^{2+}$ | $Fe^{3+}$ | $As^{3+}$ | $Ni^{2+}$ | $Cr^{3+}$ | $Mn^{2+}$ | $Cd^{2+}$ |
|---|---|---|---|---|---|---|---|---|---|
| MSB-2 | 0.03 | 0.05 | 0.03 | 0.04 | ND | 0.02 | 0.05 | 0.03 | ND |
| MSB-3 | 0.04 | 0.06 | 0.04 | 0.04 | ND | 0.03 | 0.05 | 0.04 | ND |
| MSB-4 | 0.04 | 0.07 | 0.04 | 0.05 | ND | 0.04 | 0.06 | 0.04 | ND |
| MSB-5 | 0.05 | 0.10 | 0.05 | 0.03 | 0.01 | 0.04 | 0.06 | 0.05 | ND |

从表 5-2 可以看出，铅锌尾矿 B 中的重金属离子也能被环保免烧砖中的水泥水化产物有效固化，水化产物凝胶体表面能大，其比表面积约为未水化水泥颗粒的 1000 倍，具有较强的吸附活性，能使各水化产物或铅锌尾矿等连接起来，形成蜂窝状结构，将各种重金属污染物固化/稳定在水其内部[107,108]；从宏观角度来看，不仅对重金属离子起到封装作用，降低其浸出量，同时也增强了免烧砖的机械强度[109]。

### 5.2.3　铅锌尾矿 C 制备的环保免烧砖重金属离子浸出特性

对利用铅锌尾矿 C 掺量分别为 50%、55%、60%、65% 制备的环保免烧砖进行重金属离子的浸出实验，其结果见表 5-3。

表 5-3    铅锌尾矿 C 制备环保免烧砖中重金属离子浸出结果    （单位：mg/L）

| 组别 | $Pb^{2+}$ | $Zn^{2+}$ | $Cu^{2+}$ | $Fe^{3+}$ | $As^{3+}$ | $Ni^{2+}$ | $Cr^{3+}$ | $Mn^{2+}$ | $Cd^{2+}$ |
|------|------|------|------|------|------|------|------|------|------|
| MSC-1 | 0.02 | 0.05 | 0.03 | 0.03 | ND | 0.01 | 0.04 | 0.01 | ND |
| MSC-2 | 0.03 | 0.05 | 0.03 | 0.03 | ND | 0.01 | 0.04 | 0.02 | ND |
| MSC-3 | 0.03 | 0.06 | 0.04 | 0.04 | ND | 0.02 | 0.05 | 0.02 | ND |
| MSC-4 | 0.02 | 0.07 | 0.04 | 0.04 | ND | 0.03 | 0.06 | 0.03 | ND |

从表 5-3 可以看出，利用铅锌尾矿 C 制备的环保免烧砖中重金属离子的浸出浓度也较低，有研究报道[110]，$Ca(OH)_2$ 通过与重金属离子形成难溶或不溶物，如 $Ca_3(AsO_4)_2$、$CaZn_2(OH)_6$、$Ca_2Cr(OH)_7$、$Ca_2(OH)_4$ 和 $Cu(OH)_2$ 等对其进行固化；且该研究还表明，$Cu^{2+}$、$Pb^{2+}$、$Cr^{3+}$ 等的存在加快了 $C_3S$ 的水化速率，$Zn^{2+}$ 却抑制了 $C_3S$ 早期水化。因此，水化产物固化重金属离子的同时，重金属离子的存在可能会对环保免烧砖的强度发展产生影响。

### 5.2.4    重金属离子浸出前后环保免烧砖 XRD 和 SEM 分析

为探究经重金属离子浸出实验后环保免烧砖的性能，对利用铅锌尾矿 A 制备的环保免烧砖试样 MSA-7 进行了重金属离子浸出前后的 XRD 和 SEM 分析。

**1. 重金属离子浸出前后环保免烧砖 XRD 分析**

对环保免烧砖 MSA-7 重金属离子浸出实验前后的试样进行 XRD 分析，其结果如图 5-10 所示。

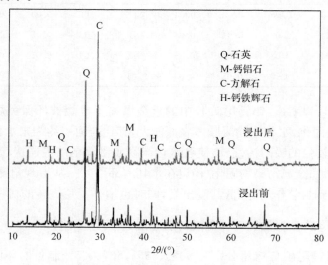

图 5-10    重金属离子浸出前后环保免烧砖 XRD 图谱

从图 5-10 可以看出,重金属离子浸出前后环保免烧砖试样的物相组成几乎没有太大变化,主要物相有石英、钙铝石、方解石和钙铁辉石,但经重金属离子浸出实验后,试样 XRD 图中某些峰有所减弱。这可能是由于重金属离子浸出实验中,环保免烧砖中某些碱性成分与溶液中酸性物质反应,试样中的某些成分,尤其是金属阳离子等溶解到了溶液中,使环保免烧砖中的某些成分含量有所下降。

2. 重金属离子浸出前后环保免烧砖 SEM 分析

对利用铅锌尾矿 A 制备的环保免烧砖 MSA-7 重金属离子浸出实验前后的试样进行 SEM 分析,其结果如图 5-11 所示。

(a)　　　　　　　　　　　　　　　　　(b)

(c)　　　　　　　　　　　　　　　　　(d)

图 5-11　重金属离子浸出前后环保免烧砖 SEM 图
(a)(b)重金属浸出实验前环保免烧砖 SEM 图;(c)(d) 重金属浸出实验后环保免烧砖 SEM 图

从图 5-11(a)、(b)中可以很明显看到在重金属离子浸出实验前,环保免烧砖试样表面存在大量针状物及胶凝物质,其成分为水泥的水化物组织,具有强化基体的作用,使样品具有较高的强度。重金属离子浸出实验后环保免烧砖制品表面仍存在大量水化产物,且可以看到凝胶孔存在。因此,重金属离子浸出实验前后环保免烧砖试样的微观形貌变化不是很大,不会对试样的宏观强度带来影响。

## 5.3　环保免烧砖对 $Pb^{2+}$ 吸附行为的研究

有研究指出[111]，水泥水化使水泥浆体及水化产物处于强碱环境中，均可对重金属离子产生吸附作用；尤其是 C-S-H 凝胶在强碱环境中表面带有负电荷，与重金属阳离子产生沉淀，达到吸附重金属的目的。$Pb^{2+}$ 会形成簇离子，如 $[Pb_6O(OH)_6]^{4+}$ 等，与水化产物结合形成硫化物沉淀或由于静电吸引作用吸附在水化产物的表面。

因此，在对制备的环保免烧砖强度及重金属离子浸出量进行研究的基础上，本节进一步探讨该环保免烧砖作为重金属离子吸附材料的可能性，主要研究环保免烧砖对废水中 $Pb^{2+}$ 的吸附行为。该研究不但解决铅锌尾矿的污染，变废为宝，同时拓宽常规免烧砖的使用场合，使环保免烧砖在含重金属离子废水下工作时吸附水中重金属离子成为可能，为廉价重金属离子吸附剂的研制提供新的思路，具有显著的经济和社会效益。

利用铅锌尾矿 A 掺量为 50％、75％、80％的环保免烧砖制品进行 $Pb^{2+}$ 的吸附研究，主要探究了吸附时间、含 $Pb^{2+}$ 溶液初始浓度、pH 三个因素对实验结果的影响。

### 5.3.1　吸附时间对环保免烧砖吸附 $Pb^{2+}$ 的影响

通过对吸附时间的研究，了解环保免烧砖吸附达到平衡所需的时间，为该环保免烧砖的实际应用提供依据。在 $Pb^{2+}$ 初始浓度为 50mg/L 的溶液中，检测不同吸附时间（10min、20min、30min、40min、50min、60min、80min、100min）后溶液中 $Pb^{2+}$ 浓度，探究吸附时间对 $Pb^{2+}$ 吸附效果的影响，环保免烧砖在不同吸附时间下的吸附量如图 5-12 所示。

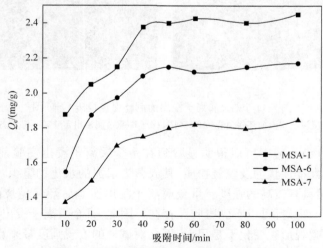

图 5-12　吸附时间对环保免烧砖吸附量的影响

从图 5-12 可以看出,当吸附时间为 10～40min 时,三种环保免烧砖对 $Pb^{2+}$ 的吸附量随反应时间的延长而增加,增幅非常明显;40min 时,三种环保免烧砖的吸附量分别达到 2.38mg/g、2.10mg/g、1.75mg/g;随后试样对 $Pb^{2+}$ 的吸附量随反应时间的延长变化很小,即 40min 环保免烧砖达到了吸附平衡。从图中还可看出,铅锌尾矿 A 的掺量影响环保免烧砖对 $Pb^{2+}$ 的吸附量,在达到吸附平衡时,MSA-1 的吸附量高于 MSA-6 和 MSA-7,即随着铅锌尾矿掺量的降低,基体内水化产物的增加,其对 $Pb^{2+}$ 的吸附量增加。

环保免烧砖对 $Pb^{2+}$ 的吸附,主要是因为环保免烧砖中存在的大量水化产物,比表面积大,为吸附 $Pb^{2+}$ 提供了大量的吸附位点,使吸附反应得以快速进行,在较短时间内脱附和吸附速率相等,达到吸附平衡,当水化产物表面被 $Pb^{2+}$ 完全吸附时,吸附量几乎接近平衡。此外,有研究指出[112],水泥水化浆体中分布着丰富的孔径结构,占浆体总体积的 9.26%～33.7%,孔隙尺寸一般为 10.6～106nm,通过扩散作用重金属离子被孔隙吸附,且较大的孔径对重金属离子具有较快的吸附速率,较小孔隙的吸附速率则较慢。

### 5.3.2　含 $Pb^{2+}$ 溶液初始浓度对环保免烧砖吸附 $Pb^{2+}$ 的影响

为探究废水中 $Pb^{2+}$ 不同初始浓度对环保免烧砖吸附量的影响,分别移取 50mL $Pb^{2+}$ 浓度为 10mg/L、20mg/L、30mg/L、40mg/L、50mg/L、60mg/L、80mg/L、100mg/L 的含 $Pb^{2+}$ 试液,并置于烧杯中,称量 1g 环保免烧砖试样粉末分别置于不同初始浓度的烧杯中进行吸附实验,吸附时间设定为 40min,通过式(2-9),得出不同初始浓度环保免烧砖的吸附量,结果如图 5-13 所示。

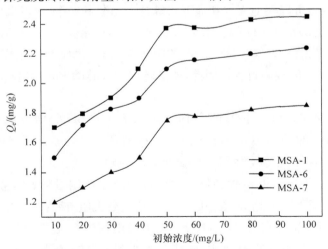

图 5-13　溶液初始浓度对环保免烧砖吸附量的影响

从图 5-13 可以看出,三种环保免烧砖试样的吸附量随着含 $Pb^{2+}$ 废液初始浓度的增大而逐渐增加,含 $Pb^{2+}$ 废液浓度从 10mg/L 增加到 50mg/L 时,MSA-1、MSA-6、MSA-7 三者对 $Pb^{2+}$ 的吸附量分别从 1.7mg/g、1.6mg/g、1.2mg/g 增加到 2.4mg/g、2.1mg/g、1.8mg/g,吸附效果显著增加;当浓度从 50mg/L 变化到 100mg/L 时,吸附速率呈现逐渐变小的趋势,吸附量趋于稳定。利用式(2-4)计算得,$Pb^{2+}$ 浓度为 50mg/L 时,MSA-1、MSA-6、MSA-7 的吸附率分别达到了 95%、84%、70%。

含 $Pb^{2+}$ 废液初始浓度直接影响溶液中的离子强度,从而影响 $Pb^{2+}$ 在溶液及免烧砖试样表面的扩散作用等。溶液和环保免烧砖试样水化产物中的 C-S-H 凝胶及其他产物界面处会形成一个电势,随着 $Pb^{2+}$ 浓度的增加,离子强度逐渐增大,电势也会逐渐增大,此时 $Pb^{2+}$ 扩散到环保免烧砖试样表面的速率增大,表现出随着含 $Pb^{2+}$ 废液初始浓度升高,环保免烧砖试样对 $Pb^{2+}$ 的吸附总量逐渐增加;但随着越来越多的 $Pb^{2+}$ 吸附到环保免烧砖试样表面,这时环保免烧砖试样表面的电荷发生改变,可用于吸附的位点减少,电势减弱,$Pb^{2+}$ 的扩散受到影响,速率降低;当浓度超过一定量时,环保免烧砖试样外层表面被吸附完全,吸附位点占满,$Pb^{2+}$ 开始在环保免烧砖试样内部孔结构进行扩散,而这时的吸附速率受到孔扩散的影响,吸附速率相对较慢,但未达到饱和吸附的状态,环保免烧砖试样的吸附量还在增加,但吸附效率逐渐降低。

### 5.3.3　pH 对环保免烧砖吸附 $Pb^{2+}$ 的影响

环保免烧砖可以在地表水和地下水等含水场合下工作《地表水环境质量标准》(GB 3838—2002)对于 pH 的要求为 6.0～9.0,地下水为 6.5～8.5,设计实验应包括这两个 pH 范围。另外,pH<5.65 的降水为酸雨,也应考虑免烧砖在酸雨环境下工作时对 $Pb^{2+}$ 的吸附行为。因此,本节环保免烧砖除 $Pb^{2+}$ 实验 pH 范围设定为 3～10。

调节初始浓度为 50mg/L 的含 $Pb^{2+}$ 废水溶液的 pH 分别为 3、4、5、6、7、8、9、10,设定除 $Pb^{2+}$ 时间为 40min,讨论不同 pH 对环保免烧砖试样吸附 $Pb^{2+}$ 效果的影响,pH 对环保免烧砖吸附 $Pb^{2+}$ 的影响如图 5-14 所示。

从图 5-14 可以看出,环保免烧砖试样对 $Pb^{2+}$ 的吸附量随着溶液 pH 的增加呈现先增加后逐渐下降的趋势,在 pH 为 8 时达到最大值;该现象产生的原因是在较低的 pH 下,溶液中存在大量的 $H_3O^+$,在带负电荷的水化产物有效吸附位点上,$H_3O^+$ 与 $Pb^{2+}$ 产生竞争吸附,所以对 $Pb^{2+}$ 的吸附效率较低[113];随着溶液 pH 的升高,$H_3O^+$ 浓度降低,溶液中主要阳离子为 $Pb^{2+}$,$H^+$ 与 $Pb^{2+}$ 之间的竞争关系减弱,

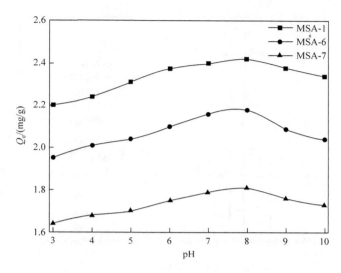

图 5-14　pH 对环保免烧砖吸附 $Pb^{2+}$ 的影响

因此 $Pb^{2+}$ 的吸附量相应增加。随着 pH 继续增加,当 pH>7 时,溶液中出现了 $OH^-$,此时 $Pb^{2+}$ 与 $OH^-$ 发生反应生成 $Pb(OH)_2$ 沉淀,但当 $OH^-$ 浓度继续增加,即 pH>8 时,$Pb^{2+}$ 与 $OH^-$ 进一步结合形成可溶物 $Pb(OH)_3^-$,与溶液中的 $OH^-$ 发生静电排斥,导致 $Pb^{2+}$ 吸附效率的降低[114]。因此,综合考虑,将环保免烧砖对 $Pb^{2+}$ 的最佳吸附 pH 选定为 6。

## 5.4　环保免烧砖吸附前后微观结构分析

对吸附 $Pb^{2+}$ 前后的环保免烧砖样品进行 XRD 与 SEM 分析,考察吸附 $Pb^{2+}$ 前后环保免烧砖试样的物相变化和微观形貌变化,以进一步了解环保免烧砖吸附 $Pb^{2+}$ 对其微观结构带来的影响。

### 5.4.1　环保免烧砖除 $Pb^{2+}$ 前后 XRD 分析

对环保免烧砖制品 MSA-1 和 MSA-7 进行除 $Pb^{2+}$ 前后的 XRD 分析,测试结果如图 5-15 所示。

从图 5-15 可以看出,MSA-1 和 MSA-7 试样主要的物相组成为石英、钙铝石、方解石和钙铁辉石,吸附前后环保免烧砖试样的物相组成没有明显变化,因此,$Pb^{2+}$ 吸附实验对环保免烧砖的强度没有产生太大影响,经过吸附实验环保免烧砖试样的强度没有明显降低。该环保免烧砖有望在含有重金属离子的废水环境下工作的同时吸附废水中的重金属离子,拓宽普通免烧砖的使用场合。

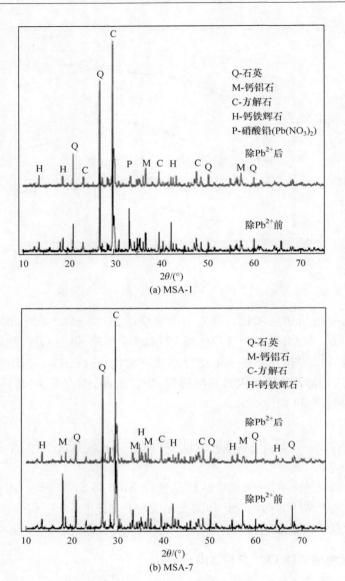

图 5-15　吸附前后环保免烧砖试样 MSA-1、MSA-7 的 XRD 图谱

## 5.4.2　环保免烧砖除 $Pb^{2+}$ 前后 SEM 分析

对吸附前后的环保免烧砖样品 MSA-1 表面进行 SEM 分析，探究其吸附前后样品表面微观结构和微区成分的变化，其结果如图 5-16 所示。

图 5-16　吸附前后环保免烧砖试样 MSA-1 SEM 图

(a)(b) 吸附前环保免烧砖 MSA-1 SEM 图；(c)(d) 吸附后环保免烧砖 MSA-1 SEM 图

由图 5-16(a)、(b)可以看出，环保免烧砖试样分布着许多纵横交错相互交织的网状结构，使样品具有较高的气孔率，为 $Pb^{2+}$ 的附着提供了良好的条件，使样品对 $Pb^{2+}$ 具有强大的吸附能力；在较高倍镜下还可以很明显看到在试样表面存在大量针状物，其成分为水泥的水化物组织，使环保免烧砖样品具有较高的强度。由图 5-16(c)、(d)可以发现，除 $Pb^{2+}$ 后的样品仍具有较多孔隙结构，故试样对重金属离子具有较高的吸附率，且除 $Pb^{2+}$ 后的样品中仍存在大量水化产物。因此，除 $Pb^{2+}$ 实验后免烧砖制品的强度不会有明显下降。

## 5.5　本 章 小 结

本章主要利用三种铅锌尾矿成功制备了环保免烧砖，对该环保免烧砖试样进行机械强度测试和重金属离子浸出实验，探究免烧砖工程使用的安全性问题；之后进一步利用该环保免烧砖进行废水除 $Pb^{2+}$ 实验，探究不同环境因素对除 $Pb^{2+}$ 效果的影响，然后对除 $Pb^{2+}$ 前后的样品进行物相和微观形貌分析。实现了对铅锌尾矿资源化再利用，且尝试利用该环保免烧砖吸附环境中的重金属离子，使其有望在

重金属离子含量较高的堤坝、河流、水下建筑等环境中工作,拓宽了免烧砖的使用场合,主要得出以下结论:

(1) 利用铅锌尾矿 A、B、C,添加适量的水泥、石膏、减水剂、激发剂可制备出性能符合国家标准 MU15、MU20 强度等级的免烧砖。其中,当三种铅锌尾矿 A、B、C 的掺量分别为 70%、65%、50%时,可制备出 MU20 强度等级的免烧砖;当三种铅锌尾矿 A、B、C 的掺量分别为 80%、70%、65%时,可制备出 MU15 强度等级的免烧砖。

(2) 对 MU15、MU20 强度等级的免烧砖进行 XRD 分析,三种铅锌尾矿制备的免烧砖制品主要物相组成基本相同,为石英、氢氧化钙和方解石。

(3) 环保免烧砖中 $Pb^{2+}$、$Zn^{2+}$、$Cu^{2+}$、$Fe^{3+}$、$As^{3+}$、$Ni^{2+}$、$Cr^{3+}$、$Mn^{2+}$、$Cd^{2+}$ 等多种重金属离子的浸出量均满足《地表水环境质量标准》(GB 3838—2002)中 V 类水要求标准,该环保免烧砖在工程应用中不会给周围环境带来重金属离子污染问题。

(4) 利用铅锌尾矿 A 制备的环保免烧砖可进一步作为重金属离子吸附材料使用,模拟含 $Pb^{2+}$ 废水为目标污染物,当含 $Pb^{2+}$ 废水的 $Pb^{2+}$ 初始浓度为 50mg/L、pH 为 6、吸附时间为 40min 时,MSA-1、MSA-6、MSA-7 三种环保免烧砖的吸附量可分别达到 2.38mg/g、2.10mg/g、1.75mg/g,该环保免烧砖有望应用于含有重金属离子的堤坝、水下建筑等场合。

(5) SEM 分析表明,吸附 $Pb^{2+}$ 前后样品具有较多的凝胶孔结构,该环保免烧砖中 C-S-H 等水泥水化产物比表面积大,为 $Pb^{2+}$ 的吸附提供了大量吸附位点;且环保免烧砖浆体中丰富的孔径结构为重金属离子的吸附也提供了条件,使重金属离子被有效吸附。

# 第 6 章　铅锌尾矿烧结砖的制备与研究

本章节主要以福建省金源矿区的铅锌尾矿为研究对象,采用单因素实验方法,对原料、工艺流程、添加剂含量以及烧成制度进行研究,确定利用铅锌尾矿制备烧结砖的最佳工艺参数,并测试烧结砖的体积密度(表观密度)、吸水率、气孔率以及抗压强度等主要性能指标,为铅锌尾矿分类应用、多渠道转化提供不同的思路。

## 6.1　不同的成型压力对铅锌尾矿烧结砖性能的影响

通过压力成型的方式制备烧结砖,因此不同的成型压力对烧结砖坯的成型以及烧结砖的物理性能等具有重要影响。本节将探究成型压力对铅锌尾矿烧结砖性能的影响。制备烧结砖的实验条件为:烧结温度 1000℃,保温时间 25min,去离子水含量 12.5%,成型压力为 5MPa、7.5MPa、10MPa、12.5MPa、15MPa、17.5MPa、20MPa、22.5MPa 和 25MPa。

制备烧结砖的过程中,成型过程是非常重要的,砖坯成型的好坏直接影响烧结砖质量和使用率的高低。一般来说,砖的密度不仅与压力有关,还与原料等众多因素有关,但压力对砖密度的影响是关键的,压力会直接影响砖坯的密度。从图 6-1 与图 6-2 可以看出,成型压力对烧结砖物理性能的影响是显著的。根据图 6-1 的分析可以得到,随着成型压力的逐步增大,铅锌尾矿烧结砖的体积密度具有明显逐步增大的趋势。在 5 到 15MPa 之间,体积密度增长快,从 1409.87kg/m³ 到 1861.24kg/m³;在 17.5MPa 到 25MPa 之间,烧结砖体积密度的增长是趋于稳定的,从 1920.69kg/m³ 到 1983.59kg/m³。当成型压力逐渐增大时,烧结砖试样的吸水率与气孔率逐步降低,分别从 40.35% 到 14.10% 和从 51.68% 到 21.33%,并且在 17.5~25MPa 降低速率减小。

从图 6-2 可以得到,随着成型压力的增加,尾矿烧结砖试样在烧结后抗压强度是逐步增大的。成型压力为 15MPa 时,烧结砖试样的抗压强度就已经达到11.78MPa,达到了国家标准的规定[115,116]的 MU10 强度等级,在最终成型压力为25MPa 时,获得了抗压强度为 13.86MPa 的尾矿烧结砖试样。

烧结砖试样成型的过程中,根据烧结热力学模型[117,118]可以知道,当成型压力较小时,砖坯体内的气孔数量较多并且气孔直径较大,烧结推动力较低,从而使得坯体达到烧结程度的温度升高,砖坯体的致密度较小,成型试样较为疏松,这使得制备出的烧结砖具有较大的气孔率和吸水率以及较低的体积密度;随着压力增大,

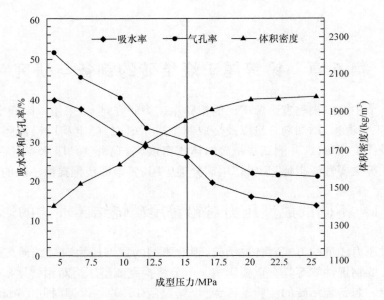

图 6-1　成型压力对铅锌尾矿烧结砖物理性能的影响

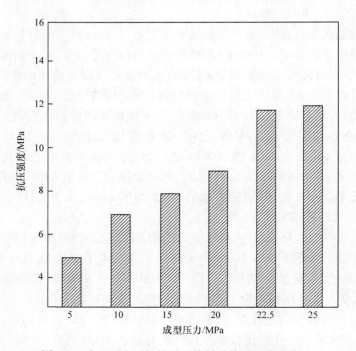

图 6-2　成型压力对铅锌尾矿烧结砖抗压强度的影响

砖坯体内的气孔率迅速下降,并且孔径相对较小,颗粒之间更加致密,从而使坯体在较低温度下能够烧结。

因此,同在 1000℃的烧结温度下,成型压力较大的试样更容易制备出具有一定抗压强度、体积密度大、气孔率和吸水率低的烧结砖,这也与实验测得的数据相符。成型压力从 5MPa 到 15MPa,烧结砖试样的气孔率、吸水率、体积密度以及抗压强度的变化都是明显的,然而在 15MPa 之后的变化是缓慢的,这主要是因为粉末颗粒堆积时存在拱桥效应[118,119]。当压力大于 15MPa 时,随着压力的增大,颗粒之间的接触更加紧密,致密度继续增大,但是当停止施加压力时,拱桥效应的存在,坯体颗粒会进行反弹,使得坯体的致密度小于施加压力的致密度,并且反弹效果会随着压力的增加而增大。这也解释了实验中压力为 17.5～25MPa 时,烧结砖的物理性能变化趋于稳定,抗压强度增加较小的现象。

综合以上分析可以得出,成型压力的增加可以使烧结砖的吸水率、气孔率降低,体积密度和抗压强度增大,但是当成型压力达到一定数值后,粉末颗粒存在的拱桥效应使得坯体致密度无法继续明显地增加,使得制备出的烧结砖试样的物理性能变化不大,结合实验条件及经济成本。选择制备铅锌尾矿烧结砖的成型压力为 15MPa。需要说明的是,本实验所采用的施加压力的方式与实际生产中有所差别,但是具有很好的指导意义。

## 6.2　不同烧结温度对铅锌尾矿烧结砖性能的影响

通过 6.1 节对制备尾矿烧结砖成型压力的实验与分析,确定了制备铅锌尾矿烧结砖时的成型压力为 15MPa。本节将探究烧结温度对铅锌尾矿烧结砖性能的影响。制备尾矿烧结砖的实验条件为:成型压力为 15MPa,去离子水含量为 12.5%,保温时间为 25min,烧结温度为 900℃、925℃、950℃、975℃、1000℃、1025℃、1050℃、1075℃和 1100℃,烧结在电阻炉中进行。

烧结的目的是使材料充分发挥性能,且获得相应的微观结构。由图 6-3 可以看出,烧结温度的变化对尾矿烧结砖物理性能的影响是显著的。通过对图 6-3 的分析可以得出如下结论:当烧结温度逐渐增大时,烧结砖的体积密度整体呈明显的上升趋势,由 1720.8kg/m³ 增加到 1998.9kg/m³。对于吸水率,当烧结温度逐步增加时,吸水率则快速降低,由 31.5% 变化到 19.7%。气孔率随烧结温度的变化是先降低后升高,从最初的 39.3% 下降到 34.9%,在温度达到 1100℃后,又略微上升。

本节还对不同的烧结砖试样进行了抗压强度的测试,结果如图 6-4 所示。当烧结温度从 900℃ 增加到 1000℃ 时,烧结砖试样的抗压强度缓慢增加,由 8.41MPa 变化到 11.13MPa,在温度达到 950℃后,所测得的抗压强度均已达到国

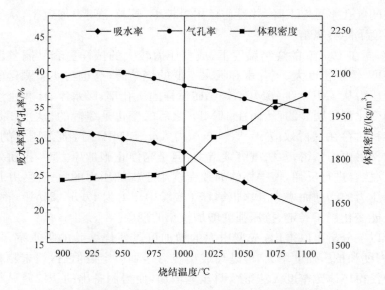

图 6-3　烧结温度对铅锌尾矿烧结砖物理性能的影响

家的最低标准;当温度由 1025℃变化到 1100℃时,抗压强度的变化是明显的,由 12.41MPa 增加到 23.49MPa。

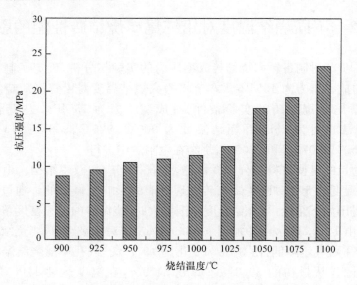

图 6-4　烧结温度对铅锌尾矿烧结砖抗压强度的影响

制备烧结砖时,铅锌尾矿中不同化学成分对烧结温度有较大影响。一般来讲,将其分成三大类:第一类是产生气体的物质,即在达到一定温度时能够产生气体的物质,这类物质的成分复杂,包含有机化合物和无机化合物,产生的气体为 $CO_2$、$H_2O$ 等;第二类是成砖成分,这里基本上指的是 $SiO_2$、$Al_2O_3$ 等化合物;第三类是具有助熔作用的熔剂氧化物,如 $Fe_2O_3$、$CaO$ 以及 $MgO$ 等[97]。通过 XRF 对铅锌尾矿进行分析得知,铅锌尾矿中主要是 $SiO_2$ 和 $Al_2O_3$,单纯这两种物质的烧结温度是非常高的,但由于尾矿成分复杂,有机物含量高,含碳物质的烧失能够起到助燃以及降低尾矿熔点的作用。除此以外,尾矿中含有较多的 $Fe_2O_3$、$CaO$ 和 $MgO$ 等具有助熔作用的成分,在烧结过程中,显著降低了铅锌尾矿整体的熔点,使得制备的铅锌尾矿烧结砖的在较低的烧结温度下得以成型。

实验中烧结砖的烧结过程基本上可以分为颗粒键合、颗粒重排、传质、致密化及玻璃化五个过程[120,121]。尾矿烧结砖的烧结过程是从颗粒间的键合开始的,由于尾矿颗粒粒度比较小,比表面能和比表面积都较大,因此颗粒表面的黏附力较大;当温度达到 925℃ 左右时开始出现液相,极大地促进颗粒间的重排和传质,质点就会通过晶面的滑移或整排原子的运动等方式来实现物质传递,使得颗粒空隙变形、缩小。随着温度的逐渐升高,由于黏附力的存在,颗粒在接触处形成键合,并且在砖内形成一定量的孔隙。当温度高于 950℃ 后,颗粒间的黏附力使烧结砖中的颗粒在黏附处产生变形,这种变形使接触面积继续增大,接触面的增大使得黏附力进一步扩大,这又会出现更大的变形。随着温度的升高,处于熔融状态的颗粒含量越来越多,并且逐渐封闭空隙,烧结砖内产生的气体无法继续排出,砖内的小孔聚集、长大、外形圆化,形成封闭的圆形气孔,烧结砖的致密度得到增加,这就是烧结过程中烧结砖内部的变化过程。之后的加热过程中继续以此循环,由颗粒重排到颗粒接触,接触面的变大使得空隙减小,烧结砖的致密度增加即体积密度增加,抗压强度逐步增强,烧结砖内的孔隙体积逐步缩小,开口气孔逐渐减少,烧结砖的吸水率下降。

自 1000℃ 开始,烧结砖的体积密度增加,抗压强度急剧增大,这主要是因为烧结砖开始向玻璃化转变,此时的吸水率快速降低。在 1100℃ 时制备出的烧结砖呈现光亮的、玻璃化的表面,具有抗压强度大的特点。然而,本实验是想制备出多孔、具备一定吸水率的烧结砖,并且结合实际生产的成本因素,最终选择在烧结温度为 1000℃ 条件下制备铅锌尾矿烧结砖,此尾矿烧结砖的外表坚硬,呈暗红色。

## 6.3　不同保温时间对铅锌尾矿烧结砖性能的影响

铅锌尾矿的物相成分复杂,因此经过烧结制备出的铅锌尾矿烧结砖属于多相不均匀体系。在烧结砖的烧制过程中,烧结砖试样的内部各区域反应速率、反应种类等均是不同的,因而通常在制备烧结砖时,需要在达到烧结温度后保温一段时间,目的是使烧结砖内各处的温度完全相同,内部各种类反应充分完成,物理变化趋向完成,组织结构趋于稳定,微观结构趋于合适,而对于保温时间应根据不同原料、不同烧结温度和不同烧结炉而定。

本节主要研究保温时间对铅锌尾矿烧结砖性能的影响。实验条件为:成型压力 15MPa,去离子水含量 12.5%,烧结温度 1000℃,保温时间分别为 0min、5min、10min、15min、20min、25min、30min、35min、40min、45min、50min、55min和 60min。

根据图 6-5 可以得出如下结论:尾矿烧结砖试样的体积密度随保温时间的延长呈逐渐上升趋势,在保温时间为 0~20min 时,体积密度的增长趋势较为明显,由 1698.8kg/m³ 变化到 1785.2kg/m³;保温时间为 25~45min 时,体积密度的变化较为缓慢,仅增加了 30.21kg/m³;保温时间为 50~60min 时,烧结砖的体积密度下降后趋于平稳。对吸水率而言,保温时间为 0~35min 时,尾矿烧结砖试样的吸水率呈降低的趋势,当保温时间达到 35min 时,烧结砖试样吸水率的变化则是缓慢的,曲线总体趋于平稳。然而,尾矿烧结砖试样的气孔率随保温时间的变化呈现不同的现象,气孔率的变化曲线呈先降低后升高的趋势。在保温时间为 35min 时,烧结砖的气孔率处于较低值 31.1%,其后趋于稳定,在保温时间为 50min 时上升至 35.8%,这可能是由于保温时间延长,尾矿内闭气孔变大、数量增加。

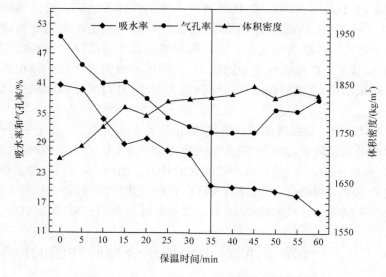

图 6-5　保温时间对铅锌尾矿烧结砖物理性能的影响

对抗压强度的测试结果如图 6-6 所示,从图中可以得出,尾矿烧结砖的抗压强度性能随着保温时间的延长呈增大趋势。在保温时间达到 25min 时,抗压强度已经达到 11.1MPa,达到国家标准规定的烧结砖最低强度等级 MU10。随着保温时间继续延长,在保温时间为 45min 时达到最大值 14.4MPa,其后略有降低。抗压强度的影响主要是由烧结砖试样内的致密度决定的,因此与体积密度的变化趋势相似。

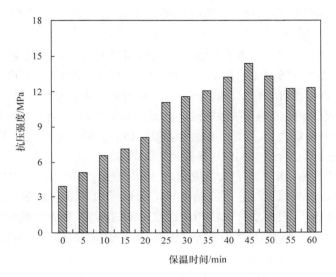

图 6-6　保温时间对铅锌尾矿烧结砖抗压强度的影响

通过对不同保温时间下尾矿烧结砖性能变化进行研究可以得出,随着烧结的进行,温度达到 1000℃后,保温正式开始,熔融的尾矿砖试样内的气泡弹性随着保温时间的延长而变大,导致试样内部气体的压力逐渐增加,排出的阻力反而变小,随着气体产物的逸出,烧结砖试样内部的体积密度逐渐增大,致密度逐渐升高,吸水率因此降低,抗压强度逐步增强。然而,若在此温度下保温的时间过长,则烧结砖内部一些细小的圆形闭孔会受到破坏,尾矿的熔融会使微孔逐渐连通,形成较大的闭气孔,致使烧结砖试样的致密度降低,体积密度下降,气孔率上升,从而导致保温时间过长时,出现抗压强度下降的现象。因此,当烧结砖试样处于晶体转型时,保温时间不宜太长,只有这样才能保证烧结砖试样内部存在较好的细小圆形闭孔,而不是形成较大较多的闭气孔。综合以上分析,选择制备铅锌尾矿烧结砖试样的保温时间为 35min。

需要说明的是,实验是在电阻炉中进行的,并且采用的是自然冷却降至室温的方法,因此保温时间与工厂生产有所差别,但是具有指导意义。

## 6.4　添加剂(去离子水)含量对铅锌尾矿烧结砖性能的影响

制备铅锌尾矿烧结砖的过程中,对原料的造粒需要加入添加剂,目前所使用的添加剂大部分有水玻璃、聚乙烯醇、氢氧化钠溶液、去离子水等,目的是让原料具备一定的塑性,有利于成型。因此,本节主要考察添加剂(去离子水)含量(添加比例=添加剂质量∶原料质量)对铅锌尾矿烧结性能的影响。实验条件为:成型压力为 15MPa,烧结温度为 1000℃,保温时间为 35min,去离子水比例为 5%、7.5%、10%、12.5%、15%、17.5%、20%、22.5%和 25%。

　　从图 6-7 可以看出,去离子水含量对铅锌尾矿物理性能的影响是显著的。当去离子水含量从 5%增加到 17.5%时,尾矿烧结砖的体积密度逐步上升,由 1585.20kg/m³ 增加到 1816.23kg/m³,并且在去离子水含量为 15%时达到最大值 1857.35kg/m³。相应的尾矿烧结砖试样内的气孔率则是与体积密度呈相反的趋势,在去离子水含量含 15%时得到最小值 28.46%。吸水率呈快速下降趋势,随着去离子水含量的增加,从 29.87%降低到 15.23%。

　　需要注意的是,当去离子水含量达到 20%以及 22.5%时,制备出的烧结砖试样在焙烧过后出现了裂纹,这可能是由尾矿砖试样内外部含水量不同引起的。在较快的升温速率下,内部水分无法与表面水分同时蒸发,从而导致裂纹产生。当去离子水含量达到 25%时,经陈腐之后,在 15MPa 成型压力下,原料难以成型,不具备可塑性。

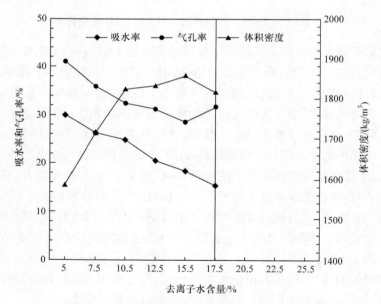

图 6-7　去离子水含量对铅锌尾矿烧结砖物理性能的影响

　　抗压强度随去离子水含量的变化的结果如图 6-8 所示。由图可知,随着去离子水含量的增加,抗压强度呈快速增大的趋势,当去离子水含量为 12.5%时,已经制备出达到国家标准的尾矿烧结砖试样,并且在去离子水含量为 17.5%时,达到

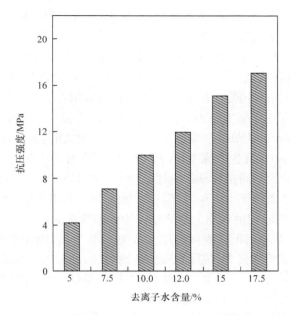

图6-8　去离子水含量对铅锌尾矿烧结砖抗压强度的影响

最高值 17.08MPa。

　　去离子水含量主要对尾矿原料成型产生影响。当去离子水含量过低或过高时,都会导致原料难以成型或者原料在成型过程中损失量过大,并且过高的去离子水含量会使烧结砖试样在烧结过程中出现裂纹;当原料具有适度的含量时,经过压力成型后,在原料可塑性较好的情况下,使得尾矿颗粒直接更加紧密地接触,烧结砖内各部分结合得更加紧密,促进烧结过程中颗粒间的空隙减小,降低气孔率;有利于烧结过程中烧结砖试样内部进行物理化学转变,从而使吸水率降低、致密度增加。根据实验结果及以上分析,选择利用铅锌尾矿制备烧结砖的去离子水含量为17.5%,此条件下的尾矿原料具备较好的塑性,制备的尾矿烧结砖试样具有较强的抗压强度及良好的物理性能。

　　需要说明的是,当工厂采用的添加剂是水玻璃或氢氧化钠溶液时,其影响更多的是会与空气中 $CO_2$ 发生反应,从而导致试样性能变化,因此与去离子水含量的影响是不同的。

## 6.5　本章小结

　　本章主要探讨利用铅锌尾矿制备烧结砖的工艺参数,并通过单因素实验方法,对原料、工艺流程、添加剂含量以及烧结制度进行研究,确定单因素对产品体积密

度、气孔率、吸水率以及抗压强度的影响趋势,从而确定利用铅锌尾矿制备烧结砖的最佳工艺参数。研究结果表明:

(1) 成型压力的增加可以使烧结砖的吸水率、气孔率降低,体积密度升高,抗压强度增大;随着压力达到一定数值后继续增大,颗粒之间的接触更加紧密,致密度继续增大;但是当停止施加压力时,由于拱桥效应的存在,坯体颗粒会进行反弹,使得坯体的致密度小于施加压力的致密度,并且反弹效果会随着压力的增加而增大。因而选择 15MPa 为最佳成型压力。压力继续增大时,制备出的烧结砖试样不仅物理性能变化不大,且生产成本增加。这对工厂的生产具有指导意义。

(2) 烧结温度的不同主要是影响尾矿烧结砖内部的物理及化学变化。当温度达到 925℃ 左右时试样开始出现液相,极大地促进了颗粒间的重排和传质。当温度高于 950℃ 时,颗粒间的黏附力使烧结砖中的颗粒在黏附处产生变形,逐步形成封闭的圆形气孔,烧结砖的致密度增加。从 1000℃ 开始,由于玻璃化转变的影响,烧结砖的体积密度增加更大,抗压强度也急剧增加,此时的吸水率快速降低。由于需要制备出多孔、具备一定吸水率的烧结砖,选择最佳烧结温度为 1000℃,此条件下的尾矿烧结砖的外表坚硬,呈暗红色。

(3) 温度达到烧结温度后,保温过程正式开始,熔融的尾矿砖试样内的气泡弹性随着保温时间的延长而增加,气体产物更易逸出,因此烧结砖试样内部的体积密度逐渐增大,致密度逐渐升高,吸水率因此降低,抗压强度逐步增强。然而,若在此温度下保温时间过长,烧结砖内部的一些细小的圆形闭孔会受到破坏,随着尾矿的熔融微孔逐渐连通,形成较大的闭气孔。因此,在烧结砖试样达到晶体转型温度后,保温时间不宜太长,因此选择制备铅锌尾矿烧结砖试样的最佳保温时间为 35min。

(4) 去离子水含量主要是对尾矿原料成型产生影响。当水含量过低或过高时,都会导致原料难以成型或者原料在成型过程中损失量过大,并且过高的去离子水含量会使烧结砖试样在烧结过程中出现裂纹;当原料具有适度的去离子水含量时,原料将具有较好的可塑性及黏结性,烧结砖内各部分结合更加紧密,促进烧结过程中颗粒间的空隙减小,有利于致密度的增加。因此选择利用铅锌尾矿制备烧结砖的最佳去离子水含量为 17.5%。

(5) 最终获得最佳工艺参数为:成型压力 15MPa,烧结温度 1000℃,保温时间 35min,去离子水含量 17.5%。

# 第7章 原料中酸碱氧化物比例对铅锌尾矿烧结砖性能的影响

无论对于何种铅锌尾矿,其无机化合物基本上都可以按照酸碱性分为两类化合物:一类是酸性氧化物,如 $SiO_2$、$Al_2O_3$ 等(说明:$Al_2O_3$ 接近中性,在研究中分类到酸性氧化物);一类是碱性氧化物,如 $Fe_2O_3$、$CaO$、$MgO$ 及 $K_2O$ 等。在对材料进行焙烧时,材料的热力学性质往往会受到其所包含酸碱氧化物种类及含量的影响。以纯净(无杂质)的原料为例,一般而言,碱性氧化物作用通常是使原料的烧结熔点降低,而酸性氧化物的作用恰恰相反。但是铅锌尾矿原料的化学组成比较复杂,在这样的情况下,酸碱氧化物对原料的热力学及其他性能的影响具有不确定性,因此作用机理较为复杂,需要对其进行研究与探讨。

本章主要探讨含量在 $1.0\%$ 以上的酸碱氧化物,实验采用的铅锌尾矿中将酸性氧化物 $SiO_2$、$Al_2O_3$,碱性氧化物 $Fe_2O_3$、$CaO$ 和 $MgO$ 当作影响铅锌尾矿烧结砖的主要酸碱氧化物组分来进行研究与探讨。$SiO_2$ 称为晶格溶剂,是构成硅酸盐的骨架,它对材料的结晶性、黏度以及固化后的质量有显著作用[122,123],若原料中 $SiO_2$ 含量过高,则会影响原料的塑性及试样的抗压强度;$Al_2O_3$ 在铅锌尾矿中以四配位体的阴离子形式存在,因此将其划定为酸性氧化物。$Al_2O_3$ 与 $SiO_2$ 在烧结过程中所起的作用相似,主要是控制原料的结晶速率,对烧结产品的热力学性能有重要影响,适量的 $Al_2O_3$ 会使制品的强度增加;铅锌尾矿中含有的碱性氧化物主要是 $Fe_2O_3$、$CaO$、$MgO$ 等,适量此类碱性氧化物一般会降低混合料的熔点,从而使得制品在低温下有利于烧成,如果 $Fe_2O_3$ 含量较高,则会导致制品的耐火度下降;如果 $MgO$ 含量较高,则会使制品产生一种白色的泛霜。

本章用酸碱氧化物比例 SA/FCM 来控制制备尾矿烧结砖的原料成分,SA/FCM是指原料中总酸性氧化物与总碱性氧化物质量分数比,用 SA/FCM = $(SiO_2 + Al_2O_3)/(Fe_2O_3 + CaO + MgO)$ 来表示。该比值是制备尾矿烧结砖原料组成的集合反映,对选择制备烧结砖材料的化学成分、便于控制产品性能以及优化生产工艺过程等方面具有重要的价值。本章主要对铅锌尾矿烧结砖的以下指标进行了测试:尾矿烧结砖的吸水率、气孔率和体积密度、尾矿烧结砖的物相组成(XRD 分析)、尾矿烧结砖的表面形貌特征(SEM 分析)、尾矿烧结砖的抗压强度测试。

# 7.1　原料的 SA/FCM 变化对铅锌尾矿烧结砖性能的影响

### 7.1.1　原料 SA/FCM 的确定及其变化对铅锌尾矿烧结砖物理性能的影响

　　在上述 SA/FCM 范围内,探究原料 SA/FCM 值对铅锌尾矿烧结砖物理性能的影响,最终的试验结果如图 7-1 所示。根据实验结果进行分析后,确定出酸碱氧化物比例 SA/FCM 的最佳范围。

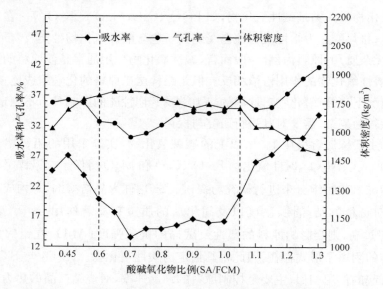

图 7-1　原料的 SA/FCM 对铅锌尾矿烧结砖物理性能的影响

　　由图 7-1 可以看出,在 SA/FCM<0.7 时,铅锌尾矿烧结砖的体积密度呈逐渐增大的趋势,由 $1620.6kg/m^3$ 变化到 $1814.9kg/m^3$;而当 SA/FCM>0.7 时,尾矿烧结砖的体积密度逐渐降低,由 $1814.9kg/m^3$ 变化到 $1486.8kg/m^3$。从图中还可以看出,尾矿烧结砖的吸水率以 SA/FCM=0.7 为分界线,整体上呈现出的规律是先减小后增大,在 0.7 处获得最小值 13.6%。气孔率的变化趋势与体积密度的变化相反,在 SA/FCM=0.7 处获得最小值 30.1%,随后逐渐增大至 41.7%。吸水率、气孔率和体积密度的变化趋势较为明显,所以针对烧结砖的三种物理性能进行分析,从而确定混合料 SA/FCM 的最佳范围,接下来将其分成三部分进行讨论与分析。

　　当 0.4≤SA/FCM<0.6 时,尾矿烧结砖的体积密度呈明显的上升趋势;在 SA/FCM=0.4 时,烧结砖的体积密度较低,为 $1620.6kg/m^3$。对烧结的试样进行

观察和测量后发现,随着 SA/FCM 逐渐降低,烧结砖的膨胀率逐渐升高。在 SA/FCM=0.4 时,观察到烧结砖试样出现了"脱皮"现象;在 SA/FCM<0.45 时,还观察到烧结砖试样的表面出现了一些泛霜现象;烧结砖试样的强度明显低下,随着 SA/FCM 增加,强度略微增加。在 SA/FCM>0.4 时,烧结砖试样的吸水率和气孔率快速降低,这表明试样内部的气孔逐步降低,但在比值为 0.5 时吸水率仍然大于 20%,且气孔率仍然高达 35.8%。这种现象需要考虑的是碱性氧化物含量过高,导致共熔点降低,试样在 1000℃ 下,出现了烧结温度过高的可能,从而致使气孔率较高。在 SA/FCM<0.6 时,制备出的烧结砖试样具有强度低下、吸水率及气孔率过大的现象。

当 0.6≤SA/FCM≤1.05 时,烧结砖试样的吸水率呈现先降低后升高的现象,且数值在 13.6%～19.9% 变化,均在 20% 范围内;烧结砖试样的平均气孔率是 33.1%;此时的烧结砖试样的表面粗糙,强度较好且没有"掉渣"现象。对于体积密度,则整体上较为稳定,在 SA/FCM=0.7 时达到最大值,并且上下幅度不超过 90kg/m$^3$;体积密度稳定说明此时尾矿烧结砖的表面以及内部的孔隙结构处于一个正常、稳定的状态,不会使试样的强度出现较大变化。

当 1.05<SA/FCM≤1.3 时,尾矿烧结砖的体积密度呈明显下降趋势,吸水率和气孔率均逐步上升,这时尾矿烧结砖的体积膨胀率增加,发生轻微的"掉渣",这种现象的出现则可能是因为材料的体积膨胀系数过大从而导致的试样内部结构松散,进而致使出现尾矿烧结砖的体积密度降低、试样的抗压强度低下等问题。这种现象的出现,说明原料中当酸性氧化物($SiO_2$、$Al_2O_3$)含量较高时,混合料的共熔点升高,即烧结温度升高,使得在 1000℃ 烧制时尾矿砖试样烧结不完全,从而出现抗压强度低、吸水率过大、气孔率较高的现象。

综上所述,选择利用铅锌尾矿制备烧结砖的混合料最佳酸碱氧化物比例(SA/FCM)范围为 0.6～1.05。在后续的实验中,将选取 SA/FCM=0.6、0.7、1.05 的烧结砖试样进行抗压强度测试、SEM 表面形貌表征以及 XRD 物相组成分析[102]。

### 7.1.2　原料的 SA/FCM 变化对铅锌尾矿烧结砖表面性质的影响

对 SA/FCM 分别为 0.6、0.7 和 1.05 的混合料制备的铅锌尾矿烧结砖的表面性质进行 SEM 分析,主要是探究其表面结构与孔隙,结果如图 7-2 所示。

从图 7-2 可以看出,当 SA/FCM=0.6 时,尾矿烧结砖颗粒较小,其表面出现较多"沟壑",微小孔隙较少,大部分是大孔隙。究其原因是在烧结过程中,尾矿烧结砖表面以及内部产生的液相较少,导致没办法阻止气体的逸出,无法较好地封闭或包裹住气体,从而致使烧结表面产生较多孔隙,较多气体冲破液相从表面逸出,慢慢地,越来越多的孔隙开始接触、连通,部分连通气孔的出现导致大孔裂隙的出现。随着 SA/FCM 值的增大,为 0.7 时,从图中可以看出尾矿烧结砖

(a) 0.6

(b) 0.7　　　　　　　　　　　　　　　　　　(c) 1.05

图 7-2　原料的 SA/FCM 对烧结砖表面性质的影响

的表面较为致密,气孔减少、孔洞减小,其表面还存在玻璃态物质,这是因为试样在 1000℃焙烧时,原料处于熔融状态,在烧结的过程中由于 $SiO_2$ 和 $Al_2O_3$ 的存在,会形成—Si—O—框架结构或—Al—O—Si—框架结构和稳定的玻璃态,而试样中大部分气体就被封闭固化,少部分气体逸出熔融体,在烧结砖表面形成了少量的孔隙。当 SA/FCM 增大到 1.05 时,从 SEM 图中发现,尾矿颗粒较大,烧结出的烧结砖表面粗糙,出现细长、较大的孔隙,这可能是因为 $SiO_2$ 和 $Al_2O_3$ 含量较高,导致烧结中产生液相难度增大,烧结砖内的气体从裂缝处逸出,形成了细长的大孔隙。

### 7.1.3　原料的 SA/FCM 变化对铅锌尾矿烧结砖物相组成的影响

　　为了解铅锌尾矿烧结砖中各成分随着 SA/FCM 的变化情况,利用 XRD 对不同的烧结砖试样进行物相分析。通过物相分析，可以更好地对尾矿烧结砖在烧结过程中晶体的生成及转变机理进行分析。本节对原料 SA/FCM 为 0.6、0.7 和 1.05 的烧结砖进行粉末 XRD 分析，所用的测试仪器是日本理学 X 射线衍射仪。图 7-3 所示为测试及分析结果。

从图 7-3 可以看出，由于铅锌尾矿的成分复杂，烧结后的尾矿烧结砖中存在多样复杂的物相。需要说明的是，烧结砖中很多晶相并没有完整的晶体结构，其存在一定的晶体缺陷，究其原因这是由制备烧结砖时的各种条件引起的。当 SA/FCM ＝0.6 时，烧结砖中的主要晶相是石英、钙铁榴石、赤铁矿和钙长石，这是 $Fe_2O_3$、CaO 和 MgO 含量较高的原因；当 SA/FCM＝0.7 时，尾矿烧结砖中的主要晶体是石英、钙铁榴石和赤铁矿，相比于 SA/FCM＝0.6，钙铁榴石在烧结砖中的含量增加，而钙长石和赤铁矿的含量则逐渐减少；随着 SA/FCM 继续增大，当 SA/FCM ＝1.05 时，尾矿烧结砖的主要晶相是石英、钙铁榴石和少量的钙长石和赤铁矿，同时存在一些硅铝酸盐矿物。随着 SA/FCM 增大，$SiO_2$ 和 $Al_2O_3$ 的比例逐渐增大，碱性氧化物含量变少，这就使得在较低的温度下，试样中晶体结构的排列有序性难以破坏，即晶体结构中的质点呈现周期性排列，无法引起畸变，这样就会需要更高的温度或其他条件才能使晶体活性得到提高，所以 SA/FCM 较大时不利于烧制过程中固相反应和烧结。

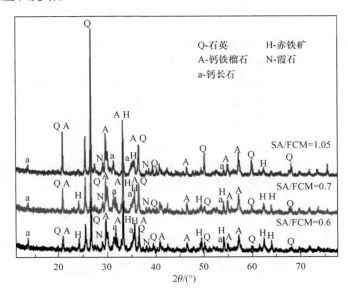

图 7-3　原料 SA/FCM 对烧结砖物相组成的影响

### 7.1.4　原料的 SA/FCM 变化对铅锌尾矿烧结砖抗压强度的影响

　　本节主要对 SA/FCM＝0.6、0.7 和 1.05 时的尾矿烧结砖进行抗压强度实验，实验是利用 WDW-300D 型万能试验机进行的。其测试的是位移和受力大小的关系，经换算后得出位移和抗压强度之间的关系，结果如图 7-4 所示。

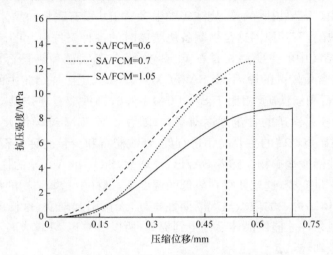

图 7-4　原料 SA/FCM 对烧结砖强度的影响

　　根据测试的结果发现，随着 SA/FCM 增大，烧结砖的抗压强度逐渐加大。究其原因是当 SA/FCM 较小时，烧结砖原料中的 $Fe_2O_3$、CaO 和 MgO 等碱性氧化物的含量较大，使得烧结砖晶相具有了多样性，气孔率升高，烧结砖表面孔隙结构之间的接触部分变得不再牢固，由于烧结砖中晶体或多或少存在缺陷，因此较多的晶相反而降低了产品的抗压强度。此外，SA/FCM 增大，$SiO_2$ 和 $Al_2O_3$ 比例增大，在 SA/FCM 达到一定数值时，可以形成较多的 Si—O 或—Al—O—Si—等网状结构，加强了颗粒之间的接触，从而提高了致密度，使得抗压强度增强；当 $SiO_2$ 和 $Al_2O_3$ 的含量过大时，则如图 7-2 所示，颗粒较大、烧结过程中液相较少，导致致密度不高。

## 7.2　固定 SA/FCM 时 $m(SiO_2)$：$m(Al_2O_3)$ 变化对铅锌尾矿烧结砖性能的影响

　　7.1 节通过改变原料中的酸性或碱性氧化物含量，对制备出的铅锌尾矿烧结砖进行了各种性能测试，确定了最佳 SA/FCM 范围是 0.6～1.05。本节在固定 SA/FCM 的条件下(0.6～1.05 范围内，SA/FCM 可以任意选取，选择SA/FCM＝

0.7 进行考察），研究 SA/FCM＝0.7 时，铅锌尾矿中酸性氧化物成分之间（通过向铅锌尾矿中人为添加 $SiO_2$ 和 $Al_2O_3$ 粉末，$m(Fe_2O_3)$：$m(CaO)$：$m(MgO)$ 比例保持不变）的变化对尾矿烧结砖性能的影响，为铅锌尾矿烧结砖的制备过程提供建议。

### 7.2.1　原料 $m(SiO_2)$：$m(Al_2O_3)$ 变化对铅锌尾矿烧结砖物理性能的影响

保持制备烧结砖的混合料中 SA/FCM 不变，改变混合料中 $m(SiO_2)$：$m(Al_2O_3)$（计算出需要调整成分的相应含量，按要求加入 $SiO_2$ 或 $Al_2O_3$ 粉末以及相应的碱性氧化物，其中 $m(Fe_2O_3)$：$m(CaO)$：$m(MgO)$ 比例保持不变）。按表 7-1 制备相应的铅锌尾矿烧结砖，测试各种 $m(SiO_2)$：$m(Al_2O_3)$ 情况下烧结砖的物理性能，为制备性能优良的烧结砖提供理论支持，结果如图 7-5 所示。

表 7-1　混合料中 $SiO_2$ 与 $Al_2O_3$ 的质量比　　　　（单位：%）

| 序号 | 1 | 2 | 3 | 4 | 5 | 6 | 7 | 8 | 9 |
|---|---|---|---|---|---|---|---|---|---|
| $SiO_2$ | 52.0 | 47.0 | 42.0 | 37.0 | 32.0 | 29.8 | 27.5 | 25.2 | 22.9 |
| $Al_2O_3$ | 2.39 | 2.61 | 2.88 | 3.13 | 3.38 | 10.0 | 17.0 | 24.0 | 31.0 |
| $m(SiO_2)$：$m(Al_2O_3)$ | 1：0.046 | 1：0.055 | 1：0.069 | 1：0.085 | 1：0.106 | 1：0.336 | 1：0.618 | 1：0.952 | 1：1.354 |

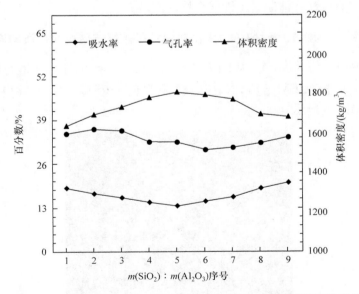

图 7-5　固定 SA/FCM＝0.7 时，$m(SiO_2)$：$m(Al_2O_3)$ 对烧结砖物理性能的影响

从图 7-5 可以看出，铅锌尾矿烧结砖的物理性能随着 $m(SiO_2)$：$m(Al_2O_3)$ 改

变(由 1 ：0.046 改变到 1 ：1.354)是有明显变化的。其中体积密度的变化呈先升高后降低的趋势,在 $m(SiO_2)$ ： $m(Al_2O_3)$ ＝1 ：0.106 时取得了最高值 1810.9kg/m$^3$；同时,吸水率以 $m(SiO_2)$ ： $m(Al_2O_3)$ ＝1 ：0.106 为界限,呈现先减小后增大的趋势,由 18.8％变化到 13.6％,再由 13.6％上升到 20.4％；对于烧结砖的气孔率,整体上以 $m(SiO_2)$ ： $m(Al_2O_3)$ ＝1 ：0.336 为分界线,呈现先减小后增大的趋势,最小值为 30.1％。总体来说,铅锌尾矿烧结砖的物理性能随 $m(SiO_2)$ ： $m(Al_2O_3)$ 的改变有规律地发生变化。

铅锌尾矿烧结砖的吸水率、气孔率及体积密度的变化幅度是较小的,所制备的烧结砖具有表面粗糙、致密性好、强度达到国家标准等特点。但对变化规律分析后了解到,当 $SiO_2$ 的含量较高时,制备的尾矿烧结砖的体积膨胀率较高,这会使烧结砖内部的结构变得松散,显气孔增多,吸水率变大,进而制备出强度降低的烧结砖,而当 $SiO_2$ 含量过高时,即 $m(SiO_2)$ ： $m(Al_2O_3)$ 比值过大时,尾矿烧结砖在 1000℃下可能会出现"生烧",致使烧结不完全； $m(SiO_2)$ ： $m(Al_2O_3)$ 在一定的数值下(如实验 1 ：0.046 到 1 ：1.354),制备的尾矿烧结砖具有较大的体积密度、低的吸水率以及较好的气孔率,烧结砖的致密度相对提高,内部和表面的孔隙结构变少,强度增加；当 $Al_2O_3$ 含量较高时,会造成混合料的低共熔点升高,体积膨胀率增大,烧结砖烧结不完全,强度较低等,与 $SiO_2$ 的含量较高时造成的变化相似。因此,在制备铅锌尾矿烧结砖时,要控制好酸性氧化物成分的比例,不宜含有过高的 $SiO_2$ 或 $Al_2O_3$,只有这样才能制备出性能合格的产品。

### 7.2.2 原料 $m(SiO_2)$ ： $m(Al_2O_3)$ 变化对铅锌尾矿烧结砖表面性质的影响

对 $m(SiO_2)$ ： $m(Al_2O_3)$ 为 1 ：0.046、1 ：0.336 和 1 ：1.354 混合料制备的尾矿烧结砖表面进行 SEM 分析,探究其表面孔隙随 $m(SiO_2)$ ： $m(Al_2O_3)$ 的变化情况,结果如图 7-6 所示。

(a) 1 ：0.046

(b) 1 : 0.336　　　　　　　　　　　　　　　(c) 1 : 1.354

图 7-6　固定 SA/FCM＝0.7 时 $m(SiO_2)$ ：$m(Al_2O_3)$ 对烧结砖表面形貌的影响

从图 7-6 可以看出，当 $m(SiO_2)$ ：$m(Al_2O_3)$＝1 ：0.046 时，$SiO_2$ 含量较高，试样表面具有很多大小孔隙，并且颗粒大小不均匀，这可能是由于含量过高的 $SiO_2$ 使得混合料的低共熔点升高，在 1000℃ 下烧结不均，使得烧结砖内部结晶不均匀，出现了大小不一的晶体颗粒，并且液相较少使得无法包裹气体、防止其排出，从而产生了较多大小不一的孔隙；当 $m(SiO_2)$ ：$m(Al_2O_3)$＝1 ：0.336 时，烧结砖表面的孔隙减少，只含有少量的微小孔隙，致密度高，颗粒大小均一，同时存在一些玻璃态物质；当 $m(SiO_2)$ ：$m(Al_2O_3)$＝1 ：1.354 时，$SiO_2$ 与 $Al_2O_3$ 含量相近，$Al_2O_3$ 含量略多，原料颗粒表面光滑，烧结砖致密度降低、表面孔隙数量增加，并且出现了一些较大的孔隙，这可能是因为孔隙的连通，导致出现大孔裂隙，但孔隙之间的连接体结构紧密。

### 7.2.3　原料 $m(SiO_2)$ ：$m(Al_2O_3)$ 变化对铅锌尾矿烧结砖物相组成的影响

为了研究铅锌尾矿烧结砖中酸性氧化物 $m(SiO_2)$ ：$m(Al_2O_3)$ 对烧结砖制备过程中物相形成及种类的影响，利用 XRD 对不同的烧结砖试样（$m(SiO_2)$ ：$m(Al_2O_3)$＝1 ：0.046、1 ：0.336 和 1 ：1.354）进行物相分析。通过物相分析，可以更好地对尾矿烧结砖在烧结过程中晶体的生成机理进行分析。图 7-7 为测试及分析结果。图中 Q 代表石英（quartz，$SiO_2$），A 代表钙铁榴石（andradite，$[Ca_3Fe_2(SiO_4)_3]$），a 代表钙长石（anorthite，$CaAl_2Si_2O_8$），K 代表蓝晶石（kyanite，$Al_2SiO_5$），N 代表霞石（nepheline，$NaAlSiO_4$）。

从图 7-7 可以看出，混合料成分不同的三种尾矿烧结砖中的主要物相是相似的，为石英、钙铁榴石及钙长石；$m(SiO_2)$ ：$m(Al_2O_3)$＝1 ：0.336 和 1 ：1.354 的烧结砖试样还存在少量的蓝晶石和霞石；$m(SiO_2)$ ：$m(Al_2O_3)$＝1 ：0.046 的试样则存在少量霞石。因此，不同 $m(SiO_2)$ ：$m(Al_2O_3)$ 的烧结砖中晶相种类是相似

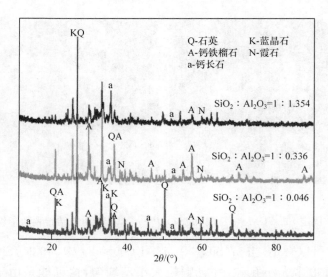

图 7-7　固定 SA/FCM＝0.7 时 $m(SiO_2)$：$m(Al_2O_3)$ 对烧结砖物相组成的影响

的,其差别在于各晶相的成分含量随比值的变化有所不同。

烧结砖的强度取决于烧结过程中晶体结构的形成,硅酸盐或硅铝酸盐结构及氧化物结构在烧结砖晶体结构中最为重要,其对重金属离子固化以及强度的增加有重要作用。这些结构中自由电子的数量不多,主要以共价键或离子键结合构成,可以用分子式表达[124]。而硅酸盐晶体结构中 $Si^{4+}$ 的连接是通过 $O^{2-}$ 来实现的,由于 $Si^{4+}$ 分配给与之结合的 $O^{2-}$ 的静电键强度为 1,因此 $O^{2-}$ 还可以与其他离子进行配位,这样可以达到固定重金属离子的目的。除此以外,每个[$SiO_4$]四面体可以通过共用顶点与另外多个[$SiO_4$]四面体形成多种硅氧负离子团,或与[$AlO_4$]四面体相连,形成—Si—O—Al—结构的地质聚合物,并且金属离子填充在结构中使得电荷达到平衡。烧结砖中的晶相,如石英、霞石和蓝晶石等,都是此类结构。

### 7.2.4　原料 $m(SiO_2)$：$m(Al_2O_3)$ 变化对铅锌尾矿烧结砖抗压强度的影响

对 $m(SiO_2)$：$m(Al_2O_3)$＝1：0.046、1：0.336 和 1：1.354 的尾矿烧结砖试样进行抗压强度测试,测试是在 WDW-300D 型万能试验机下进行的,对测试结果进行处理后的结果如图 7-8 所示。

从图 7-8 可以得到,$m(SiO_2)$：$m(Al_2O_3)$＝1：0.046、1：0.336 和 1：1.354 制备的尾矿烧结砖的抗压强度分别为 11.95MPa、13.95MPa 和 12.13MPa。当 $SiO_2$ 和 $Al_2O_3$ 在混合料中的含量达到一定比值时,制备的尾矿烧结砖具有孔隙结构合理、气孔含量少、致密度高[图 7-6（b）]等特点,有利于抗压强度的提高;当

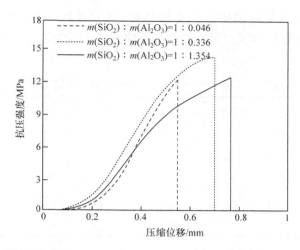

图 7-8　固定 SA/FCM＝0.7 时 $m(SiO_2)$：$m(Al_2O_3)$对烧结砖强度的影响

$SiO_2$ 或 $Al_2O_3$ 含量过高时,会由烧结不完全导致烧结砖结构松散、气孔率增大、难以形成较多的晶体,就会降低抗压强度。

除此之外,烧结过程中 $Al^{3+}$ 可以代替硅氧四面体结构［$SiO_4$］中的 $Si^{4+}$,形成［$AlO_4$］结构,这对已经形成的硅酸盐结构不会造成改变,但是当 $Al_2O_3$ 含量较多时,形成的［$AlO_4$］会与［$SiO_4$］四面体结合,这在较高温度下增加了液相的黏度,从而阻止了晶粒的形成与长大,使得晶体产生各种缺陷,最终致使尾矿烧结砖的抗压强度降低。

## 7.3　固定 SA/FCM 时 $m(Fe_2O_3)$：$m(CaO)$：$m(MgO)$ 变化对铅锌尾矿烧结砖性能的影响

7.2 节研究了在固定 SA/FCM＝0.7 的条件下铅锌尾矿中酸性氧化物成分之间($SiO_2$ 和 $Al_2O_3$)的变化对尾矿烧结砖性能的影响。本节继续研究在固定 SA/FCM 时,铅锌尾矿中碱性氧化物比例(人为添加 $Fe_2O_3$、$CaO$ 和 $MgO$ 粉末,$m(SiO_2)$：$m(Al_2O_3)$比例保持不变)的变化对烧结砖物理性能、表面性能、物相组成以及抗压强度等的影响,为铅锌尾矿烧结砖的制备及应用提供建议。

### 7.3.1　原料 $m(Fe_2O_3)$：$m(CaO)$：$m(MgO)$变化对铅锌尾矿烧结砖物理性能的影响

固定制备烧结砖的混合料中 SA/FCM 不变,改变混合料中 $m(Fe_2O_3)$：$m(CaO)$：$m(MgO)$(计算出需要调整成分的相应含量,按要求加入 $Fe_2O_3$、$CaO$ 和 $MgO$ 粉末以及相应的酸性氧化物,其中 $m(SiO_2)$：$m(Al_2O_3)$按 1：0.106 比例添加）。按表 7-2 制备相应的铅锌尾矿烧结砖，测试各种 $m(\text{Fe}_2\text{O}_3) : m(\text{CaO}) : m(\text{MgO})$ 情况下烧结砖的物理性能，为制备性能优良的烧结砖提供理论支持，结果如图 7-9 所示。

表 7-2　　混合料中 $\text{Fe}_2\text{O}_3$、CaO 与 MgO 之间的质量比　　（单位：%）

| 序号 | 1 | 2 | 3 | 4 | 5 | 6 | 7 |
|---|---|---|---|---|---|---|---|
| $\text{Fe}_2\text{O}_3$ | 26.0 | 24.0 | 22.0 | 18.1 | 20.2 | 20.0 | 19.8 |
| CaO | 22.3 | 22.9 | 21.3 | 21.3 | 23.8 | 23.6 | 23.3 |
| MgO | 1.53 | 1.57 | 1.61 | 1.47 | 2.5 | 3.5 | 4.5 |
| $m(\text{Fe}_2\text{O}_3) :$ $m(\text{CaO}) : m(\text{MgO})$ | 1 : 0.86 : 0.06 | 1 : 0.95 : 0.07 | 1 : 0.98 : 0.07 | 1 : 1.17 : 0.08 | 1 : 1.18 : 0.12 | 1 : 1.18 : 0.18 | 1 : 1.18 : 0.19 |

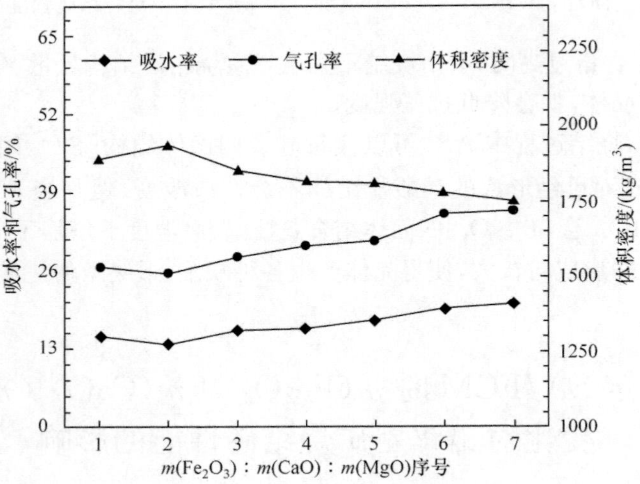

图 7-9　固定 SA/FCM＝0.7 时，$m(\text{Fe}_2\text{O}_3) : m(\text{CaO}) : m(\text{MgO})$ 对烧结砖物理性能的影响

从图 7-9 可以得知，随着 $m(\text{Fe}_2\text{O}_3) : m(\text{CaO}) : m(\text{MgO})$ 变化，尾矿烧结砖的各项物理性能具有明显的变化规律。尾矿烧结砖的体积密度呈现缓慢降低的趋势，由 1935.9kg/m³ 变化到 1751.6kg/m³；吸水率则整体上呈现逐步增大的趋势，随 $m(\text{Fe}_2\text{O}_3) : m(\text{CaO}) : m(\text{MgO})$ 的变化，从 13.6% 增加到 20.4%；烧结砖的气孔率整体的变化趋势是逐渐增大，并且在 1：1.18：0.12 处增加较大。

由图 7-9 可得，当 $\text{Fe}_2\text{O}_3$ 含量较高时，尾矿烧结砖的致密度较好，孔隙较少，吸水率较低，这说明 $\text{Fe}_2\text{O}_3$ 有利于烧结砖的烧结，并且烧结砖的膨胀率与收缩率相平衡，有利于化学反应的发生，结合生成新的物质结构，可提高烧结砖的致密度；而当 $\text{Fe}_2\text{O}_3$ 含量逐渐降低，CaO 或 MgO 的含量逐步增加时，烧结向不利的向进行，烧结砖的表面及内部含有较多孔隙,致密度下降,从而表现为体积密度下降,气孔率上升。

### 7.3.2　原料 $m(Fe_2O_3) : m(CaO) : m(MgO)$ 变化对铅锌尾矿烧结砖表面性质的影响

对 $m(Fe_2O_3) : m(CaO) : m(MgO) = 1 : 0.86 : 0.06$、$1 : 1.17 : 0.08$ 和 $1 : 1.17 : 0.19$ 的混合料制备的尾矿烧结砖的表面进行 SEM 分析,探究其表面孔隙随 $m(Fe_2O_3) : m(CaO) : m(MgO)$ 的变化情况。结果如图 7-10 所示。

(a) 1 : 0.86 : 0.06

(b) 1 : 1.17 : 0.08

(c) 1 : 1.17 : 0.19

图 7-10　固定 SA/FCM=0.7 时 $m(Fe_2O_3) : m(CaO) : m(MgO)$ 对烧结砖表面形貌的影响

由图 7-10 可以看出,当 $m(Fe_2O_3) : m(CaO) : m(MgO) = 1 : 0.86 : 0.06$ 时,该尾矿烧结砖的表面具有许多细小孔隙,烧结砖的致密度较好,其原因是高含量的 $Fe_2O$ 有利于降低混合料的低共熔点,促进液相组分的生成,同时增加了液相黏度,这样就会促进颗粒间相互靠近,烧结砖致密度增加,气孔率就会下降,出现细小的孔隙;随着 $m(Fe_2O_3) : m(CaO) : m(MgO)$ 的增加,$Fe_2O_3$ 含量减少,SEM 分析发现,烧结砖的孔隙逐渐增大,致密度下降,究其原因是当 MgO 含量逐渐增多时,烧结砖中的晶体趋于从有序结构转变为无定形结构,使固相反应加快,主要表现为在 1000℃下烧结砖中液相增多,内部气体不能再从小孔隙中逸出,而是从逐步形成的大孔中或颗粒界面处排出,冷却后烧结砖中的玻璃相增加,出现一些粒径较大的孔隙[图 7-10(c)]。

### 7.3.3　原料 $m(Fe_2O_3)$∶$m(CaO)$∶$m(MgO)$变化对铅锌尾矿烧结砖物相组成的影响

为了研究铅锌尾矿烧结砖中碱性氧化物 $m(Fe_2O_3)$∶$m(CaO)$∶$m(MgO)$对烧结砖制备过程中物相形成及种类的影响,对不同烧结砖试样($m(Fe_2O_3)$∶$m(CaO)$∶$m(MgO)=1$∶$0.86$∶$0.06$、$1$∶$1.17$∶$0.08$ 和 $1$∶$1.17$∶$0.19$)进物相分析(XRD)。通过物相分析,可以更好地对尾矿烧结砖在烧结过程中晶体的生成机理进行分析。图 7-11 为测试及分析结果。图中 Q 代表石英(quartz,$SiO_2$),A 代表钙铁榴石(andradite,$[Ca_3Fe_2(SiO_4)_3]$),a 代表钙长石(anorthite,$CaAl_2Si_2O_8$),N 代表霞石(nepheline,$NaAlSiO_4$)。

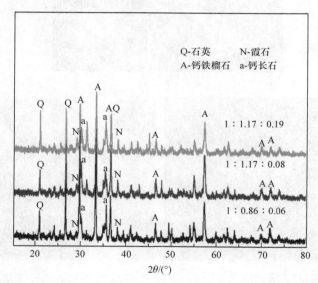

图 7-11　固定 SA/FCM$=0.7$ 时 $m(Fe_2O_3)$∶$m(CaO)$∶$m(MgO)$对烧结砖物相组成的影响

从图 7-11 可以看出,三种尾矿烧结砖的晶体种类是相似的,其区别在于不同烧结砖内对应晶体的含量有较大差异。当混合料中 $m(Fe_2O_3)$∶$m(CaO)$∶$m(MgO)=1$∶$0.86$∶$0.06$ 时,尾矿烧结砖中的主要物相是钙铁榴石,其次是石英及少量的钙长石,钙铁榴石的增多主要是 $Fe_2O_3$ 的含量较多;当 $m(Fe_2O_3)$∶$m(CaO)$∶$m(MgO)=1$∶$1.17$∶$0.08$ 和 $1$∶$1.17$∶$0.19$ 时,烧结砖中的物相变化不大,主要为石英、钙长石、钙铁榴石等,随着比例的变化钙铁榴石含量的变化较为明显,且非晶相含量逐渐增多,这说明复杂的硅酸盐及铝硅酸盐体系的变化主要发生在同类的结构上。

### 7.3.4　原料 $m(Fe_2O_3)$ : $m(CaO)$ : $m(MgO)$ 变化对铅锌尾矿烧结砖抗压强度的影响

对 $m(Fe_2O_3)$ : $m(CaO)$ : $m(MgO)=1$ : $0.86$ : $0.06$、$1$ : $1.17$ : $0.08$ 和 $1$ : $1.17$ : $0.19$ 的尾矿烧结砖试样进行抗压强度测试,测试在 WDW-300D 型万能试验机上进行,对测试结果进行处理后如图 7-12 所示。

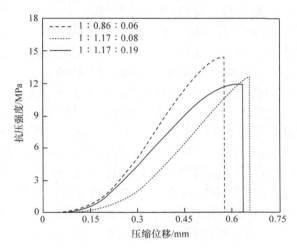

图 7-12　固定 SA/FCM＝0.7 时 $m(Fe_2O_3)$ : $m(CaO)$ : $m(MgO)$ 对烧结砖强度的影响

从图 7-12 可以得到,$m(Fe_2O_3)$ : $m(CaO)$ : $m(MgO)=1$ : $0.86$ : $0.06$、$1$ : $1.17$ : $0.08$ 和 $1$ : $1.17$ : $0.19$ 时,尾矿烧结砖的抗压强度分别为 14.48MPa、12.64MPa 和 11.98MPa。由此可知,在固定 SA/FCM＝0.7 的条件下,当 $Fe_2O_3$ 的含量较多时,尾矿烧结砖的抗压强度较大;当 MgO 和 CaO 含量多时,抗压强度较低。当原料中含有较多 $Fe_2O_3$ 时,能够起到降低低共熔点的作用,从而使液相含量及黏度增加,颗粒间晶界逐渐形成,孔隙形状由大孔改变为微孔,致密度增加,因此抗压强度增大;当 MgO 含量增多时,烧结砖的主晶相没有发生太大变化,但是晶体趋于从有序结构转变为无定形结构,即烧结砖中的玻璃相增加,内部气体不能再从小孔隙中逸出,而是从逐步形成的大孔中或颗粒界面处排出,因此出现一些粒径较大的孔隙,致使致密度降低,抗压强度减小。

## 7.4　本 章 小 结

本章主要对酸碱氧化物比例 SA/FCM 大小及在固定 SA/FCM(本章选择 SA/FCM＝0.7,可以任意选择最佳范围内的值)时,混合料中 $m(SiO_2)$ : $m(Al_2O_3)$ 和 $m(Fe_2O_3)$ : $m(CaO$ : $MgO)$ 的不同值对铅锌尾矿烧结砖物理性能、表面性质、物相组成及抗压强度的影响进行研究,对选择铅锌尾矿成分、控制尾矿烧结砖性质及优化工艺等提供可靠的理论依据,实验得到的主要结果如下:

(1) 通过对铅锌尾矿烧结砖中不同酸碱氧化物比例时性能进行研究,根据尾矿物理性能分析(体积密度、气孔率和吸水率)确定利用铅锌尾矿为原料制备烧结砖的最佳 SA/FCM 范围为 0.6~1.05。当 0.6≤SA/FCM≤1.05 时,烧结砖试样的吸水率呈现先降低后升高的现象,且数值在 13.6%~19.9%变化,均在 20%范围内;烧结砖试样的平均气孔率则是 33.1%;此时的烧结砖试样表面粗糙,强度较好且没有"掉渣"现象。在 SA/FCM=0.7 时体积密度达到最大值,并且上下幅度不超过 90kg/m³。体积密度稳定说明此时尾矿烧结砖的表面以及内部的孔隙结构处于一个正常、稳定的状态,不会使试样的强度出现较大变化。

(2) 选择 SA/FCM=0.6、0.7 以及 1.05 的尾矿烧结砖进行 SEM 表面形貌观察、XRD 物相组成分析以及抗压强度的分析。当 SA/FCM=0.6 时,尾矿烧结砖的主要晶相是石英、钙铁榴石、赤铁矿和钙长石,烧结砖表面出现较多的"沟壑",微小孔隙较少,大部分是大孔隙,测得的抗压强度为 11.28MPa;当 SA/FCM=0.7 时,烧结砖中的主要晶体是石英、钙铁榴石和赤铁矿,相比于 SA/FCM=0.6,钙铁榴石在烧结砖中的含量增加,尾矿烧结砖较为致密,气孔减少、孔洞缩小,其表面还存在玻璃态物质,抗压强度得到明显提高,达到了 12.64MPa;当 SA/FCM=1.05 时,尾矿颗粒较大,烧结出的烧结砖表面粗糙,出现较大细长的孔隙,烧结砖的抗压强度降低到 8.76MPa,其主要晶相是石英、钙铁榴石和少量钙长石及赤铁矿,同时存在一些硅铝酸盐矿物。

(3) 固定 SA/FCM=0.7 时,铅锌尾矿烧结砖的物理性能随着 $m(SiO_2):$ $m(Al_2O_3)$ 改变(由 1:0.046 改变到 1:1.354)有明显变化,其中体积密度的变化呈先升高后降低的趋势;吸水率以 $m(SiO_2):m(Al_2O_3)=1:0.106$ 为界限,呈现先减小后增大的趋势;气孔率以 $m(SiO_2):m(Al_2O_3)=1:0.336$ 为分界线,呈现先减小后增大的趋势,最小值为 30.1%。对 $m(SiO_2):m(Al_2O_3)=1:0.046$、1:0.336 和 1:1.354 的尾矿烧结砖的表面形貌、物相组成以及抗压强度进行表征。三种铅锌尾矿烧结砖中的主要物相是相似的,都为石英、钙铁榴石及钙长石,不同 $m(SiO_2):m(Al_2O_3)$ 的烧结砖中晶相种类是相似的,其差别在于各晶相的成分含量随着比值的变化而不同。当 $SiO_2$ 含量较高时,试样表面具有很多大小各异的孔隙,并且颗粒大小不均匀;当 $Al_2O_3$ 含量较多时,原料颗粒表面光滑,烧结砖致密度降低、表面孔隙数量增加并且出现一些较大的孔隙,这可能是小孔隙的连通,导致大孔裂隙出现。因此,尾矿烧结砖的抗压强度在 $m(SiO_2):m(Al_2O_3)=1:$ 0.336 的抗压强度取得最大值,为 13.95MPa。

(4) 固定 SA/FCM=0.7 时,随着 $m(Fe_2O_3):m(CaO):m(MgO)$ 的变化(1:0.86:0.06 变化到 1:1.17:0.19),尾矿烧结砖的各项物理性能具有明显的变化

规律。尾矿烧结砖的体积密度呈现缓慢降低的趋势；吸水率的变化则呈整体上逐步增大的趋势，从 13.6% 增加到 20.4%；气孔率的变化趋势是逐渐增大。还对 $m(Fe_2O_3):m(CaO):m(MgO)=1:0.86:0.06$、$1:1.17:0.08$ 和 $1:1.17:0.19$ 的烧结砖进行了 SEM 表面形貌观察、XRD 物相组成分析以及抗压强度的测试。三种尾矿烧结砖的晶体种类基本是相似的，随着比例的变化钙铁榴石含量的变化较为明显，且非晶相含量逐渐增多。当 $m(Fe_2O_3):m(CaO):m(MgO)=1:0.86:0.06$ 时，该尾矿烧结砖的表面具有许多细小孔隙，烧结砖的致密度较好。$Fe_2O_3$ 的含量减少，$MgO$ 含量逐渐增多时，烧结砖的孔隙逐渐增大，致密度下降。因此，铅锌尾矿烧结砖的抗压强度随着 $m(Fe_2O_3):m(CaO):m(MgO)$ 的增大逐渐降低，在比例分别为 $1:0.86:0.06$、$1:1.17:0.08$ 和 $1:1.17:0.19$ 时测得的抗压强度分别为 14.48MPa、12.64MPa 和 11.98MPa。

　　本章主要研究了铅锌尾矿中酸碱氧化物的含量对烧结砖性能的影响，并且确定了酸碱氧化物的最佳范围，对指导利用铅锌尾矿或其他原料制备烧结砖的成分具有现实意义。接下来，将针对铅锌尾矿烧结砖的安全性进行研究，分析尾矿中重金属在烧结砖中的固化机理，探讨重金属离子的浸出特性。

# 第 8 章　铅锌尾矿烧结砖中重金属离子的
## 固化与浸出研究

不管对于何种尾矿，目前尾矿处理都包括热分解、熔融、制备水泥、砖、陶粒、用于轻骨料等方法[125-127]。然而，经过处理或利用的尾矿都需要考虑尾矿中所含的重金属是否会浸出、是否能够固化，随着环境条件的变化，制备的产品在使用过程中会对周围环境造成什么样的污染问题。以铅锌尾矿为原料制备烧结砖，由于铅锌尾矿本身含有 $As^{3+}$ 和较多重金属离子，如 $Pb^{2+}$，$Zn^{2+}$，$Cu^{2+}$，$Cd^{2+}$，$Mn^{2+}$，$Ni^{2+}$ 等[128-130]，因此制备出的烧结砖也具有重金属离子浸出的风险。倘若烧结砖中的重金属没有得到很好固化，使得有毒性的重金属容易浸出，那么会对周围环境造成严重的二次污染，危害人类的生命健康。

在铅锌尾矿烧结砖的烧制过程中，重金属离子在原料中的转变过程是复杂多样的，可能会发生颗粒物表面的扩散和冷凝、颗粒间的结合、金属元素与其他化合物的结合、重金属离子之间的化学反应等复杂过程，在目前的一些研究中发现，这些重金属离子转变的过程不仅与重金属离子本身的特性和含量有关，还与原料中含有的组成成分及性质有很大关系。因此，探究以铅锌尾矿为原料制备的烧结砖对尾矿中的重金属是否具有较好的固化作用，对尾矿中重金属的固定化机理进行系统研究，为铅锌尾矿的应用提供技术支持。

## 8.1　实验铅锌尾矿中重金属元素的选择

我国各地的铅锌尾矿中所含有的重金属含量差异巨大，但种类大同小异。表 8-1 是对金源矿区铅锌尾矿进行的元素分析。从表中可以看出，该地区的铅锌尾矿主要含有的重金属元素包括 Zn、Pb、Cu、Cd 和 Mn 等。选择何种元素进行研究需要从实际毒性（人们日常接触）和尾矿所含有的重金属含量来考虑。

**表 8-1　金源矿区铅锌尾矿的元素分析**

| 元素 | Zn | Fe | Mn | Si | Cu | Ca | Mg | O | Pb |
|------|------|------|------|------|------|------|------|------|------|
| 含量 | 0.23 | 12.7 | 0.2 | 15.0 | 0.02 | 15.30 | 0.88 | 45.6 | 0.17 |

| 元素 | P | Na | K | Al | Ti | C | S | Cd | 其他 |
|------|------|------|------|------|------|------|------|------|------|
| 含量 | 0.03 | 0.05 | 0.40 | 1.79 | 0.07 | 4.57 | 1.22 | 0.01 | 1.76 |

少量 Zn 对能够促进人体的新陈代谢以及智力的发展，但是当直接长时间接

触 $Zn^{2+}$ 或锌盐时,皮肤就会受到强烈刺激,可引起皮炎,甚至会使手指和前臂皮肤发生溃疡以及引起顽固原湿疹。

　　Pb 是一种毒性很大的重金属,对人体危害极大。其进入人体后将对人体各种系统造成严重伤害,在皮肤长久的接触中,$Pb^{2+}$ 不仅会对皮肤造成刺激性、过敏性和感染性伤害,还会通过皮肤渗入体内,出现动脉硬化、消化道溃疡等现象,造成全身性的机体损害。

　　Cu 是人体健康不可缺少的微量营养素,但当 $Cu^{2+}$ 经过皮肤、呼吸道等进入人体内并大量积存之后,极易对身体内的脏器肝和胆造成负担,当这两种器官出现问题时,维持人体内的新陈代谢就会出现紊乱,进而出现肝硬化、肝腹水甚至更为严重的问题。

　　Cd 的毒性很低,但是 $Cd^{2+}$ 的毒性很大。$Cd^{2+}$ 容易通过皮肤渗入机体中并长期潜伏下来。慢性镉中毒,主要危害是肾脏和骨骼,可导致肾衰竭、骨软化和骨质疏松,从而导致身体机能损伤。

　　以上四种重金属是日常生活中极易接触到的,与人体健康息息相关。金源矿区的铅锌尾矿中 $Zn^{2+}$、$Pb^{2+}$、$Cu^{2+}$ 和 $Cd^{2+}$ 四种金属离子的浸出量较大,这使得更加容易对烧结砖进行重金属离子浸出特性和固化的研究与探讨。因此,最终选择 $Zn^{2+}$、$Pb^{2+}$、$Cu^{2+}$ 和 $Cd^{2+}$ 四种重金属离子进行下一步实验。

## 8.2　浸出实验方法的确定和浸出毒性评价的意义

　　对于固体废弃物的毒性评判,国家规定通过浸出实验来测试废弃物是否会对人类健康及环境造成危害。浸出实验通过人为模拟环境条件,使固体废弃物与相应的浸出液接触,在一定的条件下,浸出其含有的重金属,测试重金属元素的溶解、释放特性,从而评价固体废弃物毒性。可以根据浸出实验的结果,确定该固体废弃物的处理方式。然而,由于实验室条件的限制,只能模拟固体废弃物处于最复杂条件下或理想静态条件下的情况。

　　目前不同国家对固体废物毒性的评判方法是不同的,但这些方法都能够较好地评估有毒物在环境中的潜在浸出性,但存在同一种废弃物采用不同实验方法得出的结论差别较大的问题。我国通过制定标准规定了浸出实验及测定的方法,但标准中并没有具体的方法说明,目前仅作为危险固体废物浸出毒性鉴别的标准方法。因此,本章在前期通过对比国内与国外浸出方法的不同,吸取不同毒性浸出实验方法的优点,根据铅锌尾矿烧结砖的特点,以国家标准为基础,对重金属的浸出方法进行改进,更加系统地分析在不同条件下,尾矿烧结砖中重金属的浸出特性。为铅锌尾矿烧结砖的可行性和资源化利用提供有力的支持。

　　由于实验条件的限制,为了更好地模拟尾矿烧结砖在自然环境下的浸出和固化特性。本章所采用的重金属离子浸出实验方法以国家环境保护行业标准规定的《固体废物　浸出毒性浸出方法　醋酸缓冲溶液法》(HJ/T 300—2007)为基础,结合《固体废物　浸出毒性浸出方法　水平振荡法》(HJ 557—2010)以及美国的毒性浸出程序——TCLP改进的固体废弃物浸出实验方法,具体步骤见第2章内容。

　　判定制备的铅锌尾矿烧结砖是否具有毒性的参考标准是我国的《危险废物鉴别标准　浸出毒性鉴别》(GB 5085.3—2007),其中对 $Zn^{2+}$、$Pb^{2+}$、$Cu^{2+}$ 和 $Cd^{2+}$ 四种重金属离子在溶液中的含量做出了如表8-2所示的要求。

表8-2　中国危险废弃物浸出毒性鉴别标准

| 危害成分项目 | 浸出液中危害成分浓度限值/(mg/L) |
|---|---|
| $Cu^{2+}$ | 100 |
| $Zn^{2+}$ | 100 |
| $Cd^{2+}$ | 1 |
| $Pb^{2+}$ | 5 |

## 8.3　原料的 SA/FCM 对重金属离子浸出特性及固化的影响

　　本书提出了利用酸碱氧化物比例 SA/FCM 来描述制备尾矿烧结砖的原料成分,这是制备尾矿烧结砖混合料成分的综合反映,对选择制备烧结砖混合料的化学成分、方便控制产品性能以及优化生产工艺过程等方面具有重大的现实意义。第7章主要研究了混合原料的 SA/FCM 对铅锌尾矿烧结砖物理性能的影响,确定了利用铅锌尾矿制备烧结砖的混合料最佳 SA/FCM 范围为 0.6~1.05。在此范围内,研究了尾矿烧结砖的热力学性质、强度性能、表面孔隙形貌以及烧结砖的物相组成。除此以外,在固定 SA/FCM=0.7 的条件下,还分别研究了酸性氧化物比例 $[m(SiO_2):m(Al_2O_3)]$ 以及碱性氧化物之间比例 $[m(Fe_2O_3):m(CaO):m(MgO)]$ 对铅锌尾矿烧结砖不同性能的影响。在一定的 $m(Fe_2O_3):m(CaO):m(MgO)$ 和 $m(SiO_2):m(Al_2O_3)$ 条件下,铅锌尾矿烧结砖的孔隙结构正常,烧结砖的抗压强度较好,并且烧结砖的物相主要由石英($SiO_2$)、钙铁榴石($[Ca_3Fe_2(SiO_4)_3]$)、钙长石($CaAl_2Si_2O_8$)、少量的赤铁矿($Fe_2O_3$)和霞石($NaAlSiO_4$)组成。

　　制备烧结砖的混合料的 SA/FCM、$m(SiO_2):m(Al_2O_3)$ 和 $m(Fe_2O_3):m(CaO):m(MgO)$ 的变化对铅锌尾矿烧结砖的性质(孔隙结构、抗压强度、晶相组成等)具有重大影响。重金属离子在烧结砖内的固化与烧结砖本身的性能优劣是密不可分的,因此,原料的 SA/FCM 对铅锌尾矿中重金属离子的浸出和固化特性存在较大影响。因此,本节将分别探究在最佳 SA/FCM(0.6~1.05)范围内,固定 SA/FCM 时酸性氧化物 $m(SiO_2):m(Al_2O_3)$ 变化,固定 SA/FCM 时碱性氧化

物 $m(Fe_2O_3)$ : $m(CaO)$ : $m(MgO)$ 变化对铅锌尾矿烧结砖内重金属离子固化的影响机理。

　　进行浸出实验(浸出时间选择 24h 和 30d,浸出溶液选择醋酸缓冲液和去离子水),采用第 2 章介绍的方法。利用美国产的 Xseries Ⅱ ICP-MS 电感耦合等离子体发射光谱仪对浸出液中四种重金属离子含量进行测定,研究不同成分含量的原料制备铅锌尾矿烧结砖的浸出特性及成分含量对重金属离子固化的影响。

### 8.3.1　最佳 SA/FCM 范围内对重金属离子浸出特性和固化的影响

　　本节制备所用的尾矿烧结砖实验中,SA/FCM 的变化通过改变酸性氧化物[按照 $m(SiO_2)$ : $m(Al_2O_3)$ = 32 : 3.38]含量和碱性氧化物[按照 $m(Fe_2O_3)$ : $m(CaO)$ : $m(MgO)$ = 18.1 : 21.3 : 1.47]含量来实现,使其范围为 0.6~1.05,然后经过造粒→陈腐→成型后,将试样放入电阻炉中加热到 1000℃保温 35min,得到一定 SA/FCM 下的含有重金属离子的烧结砖。将制备出的烧结砖破碎过筛后,按照固液比 1 : 20 加入容器中进行搅拌浸出。需要说明的是,浸出液采用醋酸缓冲液(AB)和去离子水(DW)两种,分别在浸出 24h 和 30d 时测定各个试样在两种浸出液中的重金属离子浓度。

　　图 8-1 为烧结砖中的四种重金属离子随 SA/FCM 变化的浸出特性。采用去离子水作为浸出液时,从图 8-1(a)可以看出,当 SA/FCM = 0.6 时,浸出 24h 后,$Cd^{2+}$ 在浸出液中的浓度是 0.05mg/L;随着 SA/FCM 从 0.6 增大到 0.85,$Cd^{2+}$ 的浸出量逐渐降低,在 0.85 时得到了最小值 0.03mg/L;随后随着 SA/FCM 的增大逐渐上升;在 SA/FCM = 1.05 时 $Cd^{2+}$ 的浸出量增加到了 0.05mg/L。浸出的时间达到 30d 时,浸出变化规律与 24h 的规律相似,在 SA/FCM = 0.9 时,浸出浓度达到最低值。浸出 30d,$Cd^{2+}$ 的浸出浓度仅出现了略微升高,这说明 $Cd^{2+}$ 在尾矿烧结砖中得到了较好固化。当浸出液采用 pH = 2.65 的醋酸缓冲液时,无论浸出 24h 还是 30d,$Cd^{2+}$ 的浸出浓度都是相应去离子水中的 2 倍,并且都在 SA/FCM = 0.85 时 $Cd^{2+}$ 的浸出量达到最低值。

　　如图 8-1(c)所示,$Pb^{2+}$ 的浸出规律与 $Cd^{2+}$ 相似。无论采用去离子水还是醋酸缓冲液作为浸出液,无论浸出 24h 还是 30d,随着 SA/FCM 从 0.6 变化到 1.05,$Pb^{2+}$ 的浸出浓度呈现先降低后升高的趋势。不同的是,浸出 24h 后,$Pb^{2+}$ 的浸出浓度在 SA/FCM = 0.8 时得到最低值,其分别为 0.40mg/L(24h,DW)和 0.58mg/L(24h,AB);当浸出时间为 30d 时,在 SA/FCM = 0.85 时,$Pb^{2+}$ 得到最低浸出量,分别是 0.45mg/L(30d,DW)和 0.62mg/L(30d,AB)。

　　随着 SA/FCM 增大,相比于 $Pb^{2+}$ 和 $Cd^{2+}$ ,$Cu^{2+}$ 在不同浸出液的条件下,浸出规律的变化则是非常明显的。在醋酸缓冲液下,$Cu^{2+}$ 的浸出浓度是在去离子水中的 5 倍多,这可能与 $Cu^{2+}$ 在烧结砖中固化的形式有关;并且在 SA/FCM 从 0.6 变

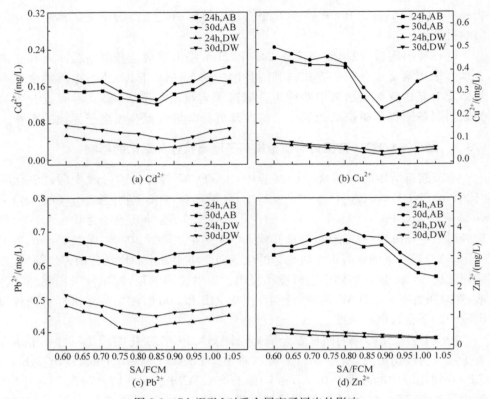

图 8-1　SA/FCM 对重金属离子浸出的影响

化到 0.9 时，$Cu^{2+}$ 浸出浓度快速下降至最低值 0.19mg/L（24h）和 0.24mg/L（30d）。而在去离子水浸出液中，$Cu^{2+}$ 的变化则较为缓慢，呈先缓慢下降后逐步上升的趋势。

然而，$Zn^{2+}$ 的浸出特性与其他三种重金属离子不同。从图 8-1(d) 可以看出，无论浸出 30d 还是 24h，当尾矿烧结砖在去离子水浸出液中进行浸出实验时，$Zn^{2+}$ 的浸出量都较低。然而，在醋酸缓冲液中浸出时，随着 SA/FCM 的增加，$Zn^{2+}$ 的浓度先升高后降低，在 SA/FCM＝0.8 时达到最大值分别为 3.92mg/L（30d）和 3.54mg/L（24h）。

图 8-1 所示的结果说明，原料酸碱氧化物成分的变化对尾矿烧结砖内的重金属离子的浸出特性具有明显影响，重金属离子的浸出量均达到了国家要求。随 SA/FCM 增大，$Cd^{2+}$、$Pb^{2+}$ 及 $Cu^{2+}$ 的浸出特性相似。当原料中 SA/FCM 较大（SA/FCM＝1.05），即烧结砖中含有少量的碱性氧化物 $Fe_2O_3$、CaO 和 MgO，较多的酸性氧化物 $SiO_2$ 和 $Al_2O_3$ 时，从第 7 章中得知 $SiO_2$ 在烧结过程中主要起到骨架的作用，由于高含量的 $SiO_2$ 和 $Al_2O_3$ 使烧结砖的烧结温度升高，因此在 1000℃下会使烧结砖出现"生烧"的现象，致使"框架"结构变得疏松，从而无法更好地固化

重金属离子。当 SA/FCM 较小时,会导致没有足够的 $SiO_2$ 和 $Al_2O_3$ 在烧结过程中形成"框架"结构,也会使得重金属离子浸出量增大。综上分析,得出 SA/FCM 过大或过小都会使 $Cd^{2+}$、$Pb^{2+}$ 及 $Cu^{2+}$ 浸出量增大。对于 $Zn^{2+}$ 浸出特性的不同,则是因为 Zn 与 Al 的电负性相似,所以 $Zn^{2+}$ 能够替代 $Al^{3+}$ 进入铝酸盐。除此以外,随着烧结过程的进行,液相逐渐促使 $Zn^{2+}$ 进入铝酸盐或铝硅酸盐,生成稳定的化合物,如 $Ca_3Al_4ZnO_{10}$[131]。因此,当 $Al_2O_3$ 含量逐渐升高时,$Zn^{2+}$ 就会逐步得到替换,从而浸出浓度降低。

采用醋酸缓冲液为浸出液时,重金属离子在浸出量或浸出特性上与去离子水中表现出不同的现象,这可能与重金属离子在烧结砖中的存在形态有关。图 8-2 是对烧结砖 SA/FCM 分别为 0.6、0.7、1.05 的矿物相分析。从图中可知,$Cd^{2+}$、$Cu^{2+}$、$Pb^{2+}$ 和 $Zn^{2+}$ 分别以 $Cd_2SiO_4$、CuO、$PbAl_2Si_2O_8$ 和 $ZnAl_2O_4$ 的主要形式存在于尾矿烧结砖中[132]。这些金属化合物表示重金属离子的固化主要是在液相条件下通过进入硅酸盐或硅铝酸盐的框架结构($PbAl_2Si_2O_8$ 和 $ZnAl_2O_4$)或与其他物质发生反应生成稳定化合物($Cd_2SiO_4$ 和 CuO)来实现的。然而,通过分析发现,$Zn^{2+}$ 还以 $Zn_2SiO_4$ 的形式存在于烧结砖中,而 $Zn_2SiO_4$ 是一种不溶于水但极易溶于醋酸的化合物[133],这也就是在醋酸缓冲液中 $Zn^{2+}$ 浸出浓度远高于去离子水,且浸出特性不同于其他重金属离子的原因。

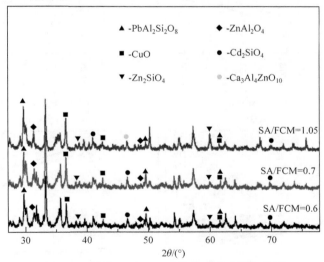

图 8-2　不同 SA/FCM 下烧结砖中矿物相分析

### 8.3.2　固定 SA/FCM 时 $m(SiO_2):m(Al_2O_3)$ 变化对重金属离子浸出特性和固化的影响

本节将主要探究在固定 SA/FCM 的条件下,原料中 $m(SiO_2):m(Al_2O_3)$ 的变化对烧结砖中重金属离子固化的影响。固定原料的 SA/FCM=0.7,根据表 8-1,添加不同量的 $SiO_2$ 和 $Al_2O_3$,改变 $m(SiO_2)$∶$m(Al_2O_3)$,经过造粒→陈腐→成型后,将试样放入电阻炉中加热到 1000℃ 保温 35min,得到一系列不同 $m(SiO_2)$∶$m(Al_2O_3)$ 含有重金属离子的烧结砖。将制备出的烧结砖破碎过筛后,按照固液比 1∶20 加入容器中进行搅拌浸出。需要说明的是,浸出液采用醋酸缓冲液和去离子水两种,并分别在浸出 24h 和 30d 时测定各个试样在两种浸出液中的重金属离子浓度。

由图 8-3 可知,四种重金属离子随酸性氧化物含量变化的浸出特性。$Cd^{2+}$ 在醋酸缓冲液中的浸出量高于在去离子水中的浸出量,30d 的浸出浓度大于 24h 的浸出浓度。无论浸出 24h 还是 30d,无论采用醋酸缓冲液浸出液还是去离子水浸出液,随着 $m(SiO_2)$∶$m(Al_2O_3)$ 从 1∶0.046 变化到 1∶1.354,$Cd^{2+}$ 的浸出规律都呈现先逐步降低后升高的趋势,在 $m(SiO_2)$∶$m(Al_2O_3)$=1∶0.0106 时,$Cd^{2+}$

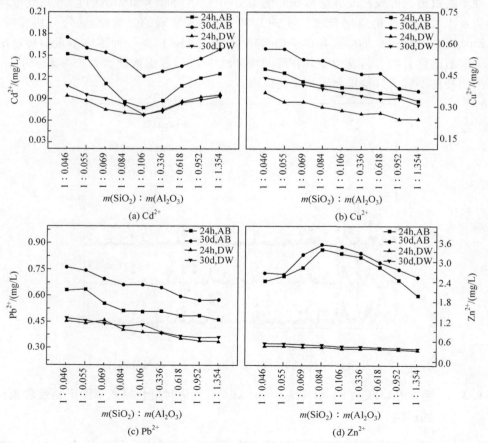

图 8-3　$m(SiO_2)$∶$m(Al_2O_3)$ 对重金属离子浸出的影响

的浸出浓度达到最低值。当制备烧结砖的混合料中 $SiO_2$ 含量较高时,尾矿烧结砖就会出现烧结不完全的现象,导致强度低下,这样就会使存在于硅酸盐及硅铝酸盐中的 $Cd^{2+}$ 较为容易地逸出。在 $SiO_2$ 含量较高时,硅酸盐骨架难以在 1000℃形成, $Cd^{2+}$ 与 $Ca^{2+}$、$Al^{3+}$ 之间的替换作用减弱,使 $Cd^{2+}$ 浸出浓度较高;随着 $SiO_2$ 含量降低,$Al_2O_3$ 含量增加,使得烧结砖在 1000℃能够形成"框架"结构,将 $Cd^{2+}$ 固定在烧结砖内。然而,当 $Al_2O_3$ 含量过高时,烧结砖的强度降低;同时,竞争替换致使 $Cd^{2+}$ 较为容易浸出。综上分析,$Cd^{2+}$ 的浸出特性为先降低后升高。

相比于 $Cd^{2+}$,$Cu^{2+}$ 与 $Pb^{2+}$ 的浸出规律较为相似。无论采用醋酸缓冲液还是去离子水浸出液,无论浸出 24h 还是 30d,随着 $m(SiO_2):m(Al_2O_3)$ 由 1:0.046 变化到 1:1.354,$Cu^{2+}$ 与 $Pb^{2+}$ 的浸出曲线都呈逐渐降低的趋势,且 $Cu^{2+}$ 和 $Pb^{2+}$ 在 30d 的浸出浓度大于 24h 的浸出浓度。当 $SiO_2$ 含量较高时,铅锌尾矿混合料的低共熔点较高,液相形成较为困难,试样的晶界液相黏度较大,烧结砖的致密化程度较低,此时重金属离子 $Cu^{2+}$ 和 $Pb^{2+}$ 的浸出量较大;随着 $Al_2O_3$ 的增加,形成的液相量逐渐增多,重金属离子能够与其他成分结合生成化合物;并且 $Al_2O_3$ 与 $SiO_2$ 能够以一定比例互溶,结合形成固溶体,生产硅铝酸盐;同时,在一定范围内,较高含量的 $Al_2O_3$ 可以加强 $Cu^{2+}$、$Pb^{2+}$ 与 $Al^{3+}$、$Ca^{2+}$ 之间的替换,抑制 $Cd^{2+}$ 的替换,使得重金属离子 $Cu^{2+}$ 和 $Pb^{2+}$ 的浸出量继续缓慢降低。

对于 $Zn^{2+}$,其在去离子水浸出液中浸出特性随着 $m(SiO_2):m(Al_2O_3)$ 的变化而逐渐降低;而在醋酸缓冲液浸出液中,当 $m(SiO_2):m(Al_2O_3)$ 从 1:0.046 变化到 1:1.084 时,$Zn^{2+}$ 的浸出浓度迅速上升,在 1:0.084 时达到最大值 3.4mg/L (24h)和 3.5mg/L(30d),这可能是因为 $Zn^{2+}$ 在 $SiO_2$ 含量较高时,主要以 $Zn_2SiO_4$ 的形式存在;在浸出量达到最大值后呈现急剧下降的趋势,主要是因为 $Al_2O_3$ 含量的逐渐增加,加快了 $Zn^{2+}$ 对 $Al^{3+}$ 的替代率,$Zn^{2+}$ 得以稳定固化在铝酸盐中,从而浸出量降低。

为了更好地说明重金属离子的浸出特性,本节还对尾矿砖内重金属离子在 $m(SiO_2):m(Al_2O_3)=1:0.046$、1:0106 和 1:1.354 时的存在形式进行了分析,结果如图 8-4 所示。重金属离子 $Cu^{2+}$ 主要以 CuO 的形式存在,这表明在烧结过程中 $Cu^{2+}$ 更多的是与硅铝酸盐或硅酸盐进行结合或反应,生成稳定的化合物来达到固化 $Cu^{2+}$ 的目的。$Cd_2SiO_4$、$ZnAl_2O_4$ 和 $Zn_2SiO_4$ 的存在说明 $Cd^{2+}$ 与 $Zn^{2+}$ 更多是在液相形成阶段与硅酸盐和铝酸盐进行反应,生成一些稳定的物相;而 $Pb^{2+}$ 是以 $PbAl_2Si_2O_8$ 的形式存在于烧结砖中,这表明 $Pb^{2+}$ 更多的是通过与 $Ca^{2+}$ 进行替换,进入硅铝酸盐结构中,形成稳定的固溶体,从而防止 $Pb^{2+}$ 浸出。XRD 分析的结果说明,重金属离子的固化效能与其烧结后形成的特定化学形式密切相关[134]。重金属离子的固化主要通过三个过程:颗粒的重排、晶相转化以及金属离子的替换,而这三个过程主要受烧结温度的影响,所以与原料中含有的 $SiO_2$ 或

$Al_2O_3$ 含量相关[135]。

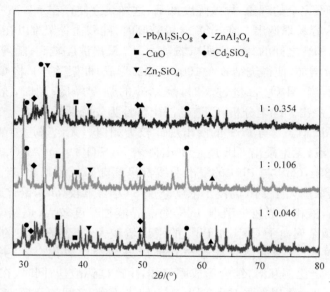

图 8-4　不同 $m(SiO_2)$：$m(Al_2O_3)$ 时烧结砖中矿物相分析

### 8.3.3　固定 SA/FCM 而 $m(Fe_2O_3)$：$m(CaO)$：$m(MgO)$ 变化对重金属离子浸出特性和固化的影响

本节将主要探究在固定 SA/FCM 条件下,原料中 $m(Fe_2O_3)$：$m(CaO)$：$m(MgO)$ 的变化对烧结砖中重金属离子固化的影响。固定原料的 SA/FCM = 0.7,根据表 8-2,添加不同量的 $Fe_2O_3$、CaO 和 MgO,改变 $m(Fe_2O_3)$：$m(CaO)$：$m(MgO)$,经过造粒→陈腐→成型后,将试样放入电阻炉中加热到 1000℃保温 35min,得到一系列不同 $Fe_2O_3$：CaO：MgO 含有重金属离子的烧结砖。将制备出的烧结砖破碎过筛后,按照固液比 1：20 加入容器中进行搅拌浸出。需要说明的是浸出液采用醋酸缓冲液和去离子水两种,并分别在浸出 24h 和 30d 时分别测定各个试样在两种浸出液中的重金属离子浓度。

如图 8-5 所示,可以得知在以去离子水作为浸出液时,无论浸出 24h 还是 30d,$Cd^{2+}$、$Cu^{2+}$、$Pb^{2+}$ 以及 $Zn^{2+}$ 的浸出浓度较低且随着 $m(Fe_2O_3)$：$m(CaO)$：$m(MgO)$ 的变化呈现递减趋势。而将铅锌尾矿烧结砖放入醋酸缓冲液中进行浸出实验时,重金属离子 $Cd^{2+}$、$Cu^{2+}$、$Pb^{2+}$ 和 $Zn^{2+}$ 的浸出特性是相似的,无论浸出 24h 还是 30d,随着 $Fe_2O_3$：CaO：MgO 从 1：0.86：0.06 变化到 1：1.17：0.19,$Cd^{2+}$、$Cu^{2+}$、$Pb^{2+}$ 及 $Zn^{2+}$ 的浸出量呈现先升高后降低的趋势,并且在 1：1.18：0.12 左右分别达到最大值,$Cd^{2+}$ 为 0.15mg/L,$Cu^{2+}$ 为 0.62mg/L,$Pb^{2+}$ 为 0.91mg/L,

$Zn^{2+}$ 为 3.86mg/L。

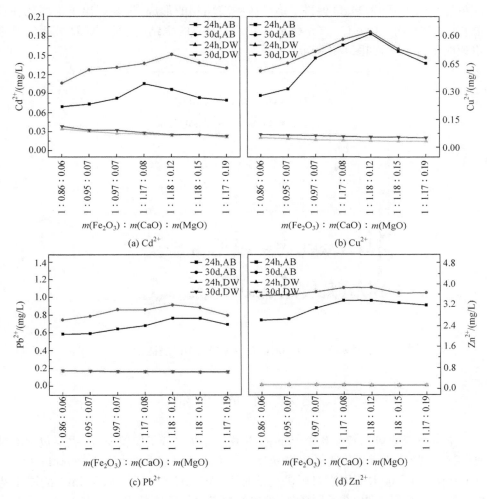

图 8-5　$m(Fe_2O_3) : m(CaO) : m(MgO)$ 对重金属离子浸出的影响

当 $Fe_2O_3$ 含量较高时,可以使得原料的低共熔点降低,试样的晶界液相黏度相对较小,质点扩散速率明显提高,原料在 1000℃下充分烧结,使得烧结砖样品致密度升高,从而降低重金属离子的浸出;同时 $Fe_2O_3$ 还能促进重金属离子与硅酸盐或铝硅酸盐之间的反应,生成较多的稳定化合物,如 $Cd_3Al_2Si_3O_{18}$、$ZnAl_2O_4$、$PbAl_2Si_2O_8$ 和 CuO(图 8-6)。而随着 $m(Fe_2O_3) : m(CaO) : m(MgO)$ 的增大,$Fe_2O_3$ 的含量逐渐降低,烧结砖表面晶体之间界面逐渐消失,烧结砖的孔隙逐渐增多,致密度降低,抗压强度降低,使得金属离子与硅酸盐之间的结合强度降低,从而致使重金属离子的浸出量增大[136]。

　　不同的是 CaO 和 MgO 的含量继续增加时,重金属离子的浸出量却逐渐降低,这可能是因为 CaO、MgO 促进了烧结砖中玻璃相的形成,重金属离子被固化在玻璃相中,对不同 $m(Fe_2O_3)$∶$m(CaO)$∶$m(MgO)$ 的烧结砖进行 XRD 分析的结果也说明了这一点,如图 8-6 所示。

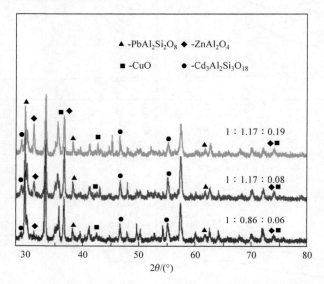

图 8-6　不同 $m(Fe_2O_3)$∶$m(CaO)$∶$m(MgO)$ 时烧结砖中矿物相分析

## 8.4　本章小结

　　本章系统地对铅锌尾矿烧结砖的使用安全性进行了实验研究,主要包含酸碱氧化物比例 SA/FCM,酸性氧化物 $m(SiO_2)$∶$m(Al_2O_3)$,碱性氧化物 $m(Fe_2O_3)$∶$m(CaO)$∶$m(MgO)$ 等因素对尾矿烧结砖中 $Cd^{2+}$、$Cu^{2+}$、$Pb^{2+}$ 以及 $Zn^{2+}$ 的浸出特性的影响。结果表明,在不同条件下,铅锌尾矿烧结砖中的重金属离子浸出浓度远低于我国危险废弃物中重金属浸出毒性鉴别标准。对重金属离子尾矿砖中的存在形式进行了分析,探究了重金属离子在烧结砖中的固化方式。本章的实验结论为铅锌尾矿烧结砖的应用提供了技术保证,具有重要的实际意义。具体结论如下:

　　(1) 原料中酸碱氧化物($SiO_2$、$Al_2O_3$、$Fe_2O_3$、CaO 和 MgO)含量的变化对重金属离子的浸出具有显著的影响。$Cd^{2+}$、$Cu^{2+}$ 和 $Pb^{2+}$ 随着 SA/FCM 的增大具有相似浸出特性,呈现先降低后升高的趋势。对于 $Zn^{2+}$,其浸出规律则是在不同的浸出液中呈现不同的规律:在醋酸缓冲液中浸出时,其浸出浓度是先升高后降低;在去离子水浸出液中,则是呈逐渐降低的趋势。

　　(2) 在固定 SA/FCM=0.7 条件下,随着 $m(SiO_2)$∶$m(Al_2O_3)$ 由 1∶0.046 变

化到1：1.354,无论在何种条件下,$Cd^{2+}$ 的浸出规律呈现先逐步降低后升高的趋势,在 $m(SiO_2)：m(Al_2O_3)=1：0.0106$ 时,$Cd^{2+}$ 的浸出浓度达到了最低值;$Cu^{2+}$ 与 $Pb^{2+}$ 的浸出规律较为相似,浸出曲线呈逐渐降低的趋势,且 $Cu^{2+}$ 和 $Pb^{2+}$ 在 30d 的浸出浓度大于 24h 的浸出浓度;对于 $Zn^{2+}$,其在去离子水浸出液中浸出特性是随着 $m(SiO_2)：m(Al_2O_3)$ 的变化而逐渐降低的;而在醋酸缓冲液浸出液中,$Zn^{2+}$ 的浸出浓度则迅速上升,在 1：0.084 时达到最大值 3.4mg/L(24h)和 3.5mg/L (30d)。

(3) 在固定 SA/FCM=0.7 条件下,随着 $m(Fe_2O_3)：m(CaO)：m(MgO)$ 从 1：0.86：0.06 变化到 1：1.17：0.19,无论浸出 24h 还是 30d,$Cd^{2+}$、$Cu^{2+}$、$Pb^{2+}$ 以及 $Zn^{2+}$ 在去离子水浸出液中浸出浓度呈现递减的趋势;而在醋酸缓冲液中进行浸出实验时,$Cd^{2+}$、$Cu^{2+}$、$Pb^{2+}$ 以及 $Zn^{2+}$ 的浸出特性相似,浸出量呈现先升高后降低的趋势,并且在 1：1.18：0.12 左右分别达到最大值,$Cd^{2+}$ 为 0.15mg/L,$Cu^{2+}$ 为 0.62mg/L,$Pb^{2+}$ 为 0.91mg/L,$Zn^{2+}$ 为 3.86mg/L。

(4) 通过 XRD 的分析,重金属镉在烧结砖中的主要存在形式有 $Cd_2SiO_4$ 和 $Cd_3Al_2Si_3O_{18}$;而铜是以 $CuO$ 的形式存在;铅主要是以硅铝酸盐结合,如 $PbAl_2Si_2O_8$;锌则主要形成了 $ZnAl_2O_4$ 和 $Zn_2SiO_4$ 两种化合物,这些存在于烧结砖中的稳定化合物对重金属离子起到了固化作用。酸碱氧化物含量的变化对烧结温度,重金属离子与 $Ca^{2+}$、$Al^{3+}$ 等之间的替换率,硅酸盐或硅铝酸盐"框架"的形成具有重要影响,从而使得重金属离子的浸出浓度不同。

# 参 考 文 献

[1] 姜素,陆华,曹瑞祥,等.某铁矿尾矿库及周边土壤重金属污染评价.环境科学与技术,2014, (S1):274-278.

[2] 吴奇,刘晶晶,李倦生,等.固体废弃物在水泥行业中的应用进展.现代化工,2015,35(1): 44-47.

[3] 李如林.尾矿在建材中的应用及推广建议.建材发展导向(下),2015,(3):75.

[4] 唐春宇.浅议固体废弃物免烧砖的检测和推广应用.黑龙江科技信息,2014,(15):95.

[5] 万慧茹.我国典型铅锌选矿企业尾矿产生及综合利用分析.环境保护与循环经济,2012, (9):40-43.

[6] 李洁,马晶,郭月琴,等.某含碳富含磁黄铁矿细粒嵌布铅锌矿石选矿工艺研究.有色金属 (选矿部分),2012,(4):23-27.

[7] 王宁宁,陈武.工业固体废弃物资源综合利用技术现状研究.农业与技术,2014,(2): 251-252.

[8] 袁博.矿山固体废弃物的资源利用研究.资源节约与环保,2013,(12):95.

[9] 常前发.矿山固体废物的处理与处置.矿产保护与利用,2003,(5):38-42.

[10] 陈善刚,苏军,袁子清,等.尾矿库安全在线监测技术探讨.有色金属(选矿部分),2011, (3):64-67.

[11] 楚金旺,宋会彬,张红武.尾矿库漫顶溃坝模型试验研究.中国矿山工程,2015,44(3): 73-77.

[12] 杜研岩.尾矿库溃坝相关问题探讨.中国高新技术企业,2015,(14):171-172.

[13] Guo Y G, Huang P, Zhang W G, et al. Leaching of heavy metals from Dexing copper mine tailings pond. Transactions of Nonferrous Metals Society of China, 2013, 23 (10): 3068-3075.

[14] Wang S L, Mulligan C N. Effects of three low-molecular-weight organic acids(LMWOAs) and pH on the mobilization of arsenic and heavy metals(Cu,Pb, and Zn)from mine tailings. Environmental Geochemistry and Health, 2013, 35(1):111-118.

[15] 张瑜,教奇枫.浅谈重金属污染.建筑工程技术与设计,2015,(5):1256.

[16] Lee P K, Kang M J, Jo H Y, et al. Sequential extraction and leaching characteristics of heavy metals in abandoned tungsten mine tailings sediments. Environmental Earth Sciences, 2012, 66(7):1909-1923.

[17] Kim H J, Kim Y, Choo C O. The effect of mineralogy on the mobility of heavy metals in mine tailings:A case study in the Samsanjeil mine, Korea. Environmental Earth Sciences, 2014,71(8):3429-3441.

[18] 邓敬石,张宗华,陈家栋.浅谈含重金属离子的铅锌矿尾矿废水危害及治理.云南冶金, 2002,(2):20-22.

[19] 吴大付,任秀娟,焦瑞峰,等.污染土壤的植物修复.河南科技学院学报,2015,43(2):1-6.

[20] 王卫华,雷龙海,杨启良,等.重金属污染土壤植物修复研究进展.昆明理工大学学报,

2015,40(2):114-121.

[21] 许龙.重金属污染土的固化修复及长期稳定性研究[硕士学位论文].合肥:合肥工业大学,2012.

[22] 刘美玲,石琛,王丽坤.重金属废水的处理方法.煤炭与化工,2015,38(2):152-154.

[23] 王晓丽,孙耀,张少娜,等.牡蛎对重金属生物富集动力学特性研究.生态学报,2004,24(5):1086-1090.

[24] Yang J S,Lee J Y,Baek K,et al. Extraction behavior of As,Pb,and Zn from mine tailings with acid and basesolutions. Journal of Hazardous Materials,2009,171(1-3):443-451.

[25] Palumbo-Roe B,Klinck B,Banks V,et al. Prediction of the long-term performance of abandoned lead zinc mine tailings in a Welsh catchment. Journal of Geochemical Exploration,2009,100(2-3):169-181.

[26] Son H O,Jung M C. Relative extraction ratio(RER)for arsenic and heavy metals in soils and tailings from various metal mines,Korea. Environmental Geochemistry and Health,2011,33(1):121-132.

[27] Yang J,Tang Y,Yang K,et al. Leaching characteristics of vanadium in mine tailings and soils near a vanadium titanomagnetite mining site. Journal of Hazardous Materials,2014,264(2):498-504.

[28] Carvalho P C S,Neiva A M R,Silva M M V G,et al. Metal and metalloid leaching from tailings into streamwater and sediments in the old Ag-Pb-Zn Terramonte mine,northern Portugal. Environmental Earth Sciences,2014,71(5):2029-2041.

[29] 蓝崇钰,束文圣,张志权.酸性淋溶对铅锌尾矿金属行为的影响及植物毒性.中国环境科学,1996,(6):62-66.

[30] 胡宏伟,束文圣,蓝崇钰,等.乐昌铅锌尾矿的酸化及重金属浸出的淋溶实验研究.环境科学与技术,1999,(3):1-3.

[31] 马少健,胡治流,陈建华,等.硫化矿尾矿重金属离子浸出实验研究.广西大学学报(自然科学版),2002,27(4):273-275.

[32] 马少健,王桂芳,陈建新,等.硫化矿尾矿堆的温度变化和动态淋溶规律研究.金属矿山,2004,(10):59-62.

[33] 马少健,李辉,莫伟,等.钼矿尾矿铜铅重金属离子浸出规律研究.中国矿业大学学报,2009,38(6):829-834.

[34] 莫伟,马少健,王桂芳,等.某钼尾矿浸泡液 pH 变化及镍浸出规律研究.金属矿山,2009,V39(10):148-151.

[35] 王翔,付川,潘杰,等.锰尾矿、矿渣浸出毒性及 Cd、Pb 浸出特性研究.环境科学与管理,2010,35(7):37-39.

[36] 姜艳兴,李德先,高洋.粤北大宝山矿区土壤和尾矿中重金属的淋滤释放危害分析.生态学杂志,2013,32(4):1038-1044.

[37] 谭思佳,徐文彬,韦金莲.某铅锌矿尾矿及废石 Pb、Zn 释放规律实验研究.广东化工,2014,41(17):17-19.

[38] 刘奕祯,莫伟,张旭源,等.大厂锡石多金属硫化矿尾矿中锰锌砷的浸出规律.金属矿山, 2015,44(2):160-165.

[39] 周新尧,谭凯旋,刘泽华,等.雨水作用下铀尾矿中主要污染物的释放特征.南华大学学报 (自然科学版),2015,(2):20-24.

[40] 姜娜.吸附法去除废水中重金属研究进展.江西化工,2014,(1):81-83.

[41] 代明珠,李俊,康斌,等.四氧化三铁/碳纳米管复合材料的制备及对放射性废水中铜离子 的吸附.材料导报,2013,27(10):83-86.

[42] 张婵,徐宏英.纳米金属氧化物去除水体重金属的研究进展.化学与生物工程,2014, 31(3):5-8.

[43] Vassileva E, Varimezova B, Hadjiivanov K. Column solid-phase extraction of heavy metal ions on a high surface area $CeO_2$ as a preconcentration method for trace determination. Analytica Chimica Acta,1996,336(1-3):141-150.

[44] Prasse C, Ternes T. Removal of organic and inorganic pollutants and pathogens from wastewater and drinking water using nanoparticles—A review//Nanoparticles in the Water Cycle. Heidelberg:Springer-Verlag Berlin Heidelberg.

[45] Shen Y F, Tang J, Nie Z H, et al. Preparation and application of magnetic $Fe_3O_4$ nanoparticles for wastewater purification. Separation and Purification Technology, 2009, 68(3): 312-319.

[46] Afkhami A, Saber-Tehrani M, Bagheri H. Simultaneous removal of heavy-metal ions in wastewater samples using nano-alumina modified with 2,4-dinitrophenylhydrazine. Journal of Hazardous Materials,2010,181(1-3):836-844.

[47] Yuan P, Liu D, Fan M, et al. Removal of hexavalent chromium [Cr(Ⅵ)] from aqueous solutions by the diatomite-supported/unsupported magnetite nanoparticles. Journal of Hazardous Materials,2010,173(1-3):614-621.

[48] 成翠兰,毋伟,沈淑玲,等.纳米四氧化三铁吸附水中汞离子的研究.北京化工大学学报(自 然科学版),2008,35(3):5-8.

[49] 汪婷,高滢,金晓英,等.纳米四氧化三铁同步去除水中的 Pb(Ⅱ)和 Cr(Ⅲ)离子.环境工程 学报,2013,7(9):3476-3482.

[50] 梁慧锋,刘占牛,马子川.新生态二氧化锰悬浊液的制备及对三价砷氧化吸附机理的探讨. 河北大学学报(自然科学版),2005,25(5):515-519.

[51] 杨威,刘灿波,余敏,等.微污染水源水中重金属镉的去除.化工学报,2014,65(3): 1076-1083.

[52] 汪数学.铬、砷离子吸附剂的制备及其吸附性能的研究.现代测量与实验室管理,2015, 25(2):11-13.

[53] 余厚福.提高铅锌回收率选矿实践.有色金属科学与工程,2015,6(2):111-115.

[54] 周怡玫,官长平,汤小军.综合回收硫精矿中铅锌银选矿工艺研究.有色金属(选矿部分), 2012,(4):33-36.

[55] 叶顺如.尾砂充填和尾矿制砖综合利用探索.河南建材,2015,(1):12-14.

[56] 梁嘉琪. 利用锌尾矿渣生产非烧结砖的探索. 墙材革新与建筑节能, 2006, (7): 25-27.

[57] 易龙生, 汪洲, 万磊. 利用尾矿制作免烧砖的研究现状. 矿业研究与开发, 2014, 34(3): 45-50.

[58] Lv C C, Ding J, Qian P, et al. Comprehensive recovery of metals from cyanidation tailing. Minerals Engineering, 2015, (70): 141-147.

[59] Yin C, Mahmud H B, Shaaban M G. Stabilization/solidification of lead-contaminated soil using cement and rice husk ash. Journal of Hazardous Materials, 2006, 137(3): 1758-1764.

[60] Desogus P, Manca P P, Orrù G, et al. Stabilization-solidification treatment of mine tailings using Portland cement, potassium dihydrogen phosphate and ferric chloride hexahydrate. Minerals Engineering, 2013, 45(5): 47-54.

[61] Zhao F, Zhao J, Liu H. Autoclaved brick from low-silicon tailings. Construction and Building Materials, 2009, 23(1): 538-541.

[62] Choi W H, Lee S R, Park J Y. Cement based solidification/stabilization of arsenic-contaminated mine tailings. Waste Management, 2009, 29(5): 1766-1771.

[63] Ahmari S, Zhang L. Durability and leaching behavior of mine tailings-based geopolymer bricks. Construction and Building Materials, 2013, 44(44): 743-750.

[64] 刘冬明. 某铅锌矿尾矿重晶石回收选矿试验研究. 大科技, 2013, (34): 240-241, 242.

[65] 宋素亚, 封孝信. 钢渣-矿渣基全尾矿充填胶结材料的研究. 中国材料科技与设备, 2014, (4): 47-49.

[66] 尹洪峰, 夏丽红, 任耘, 等. 利用邯邢铁矿尾矿制备建筑用砖的研究. 金属矿山, 2006, (2): 79-81.

[67] 冯启明, 王维清, 张博廉, 等. 利用青海某铅锌矿尾矿制作轻质免烧砖的工艺研究. 非金属矿, 2011, 34(3): 6-8.

[68] 赵新科, 郭雯. 南沙沟铅锌尾矿综合利用试验研究. 矿产保护与利用, 2010, (1): 52-54.

[69] 何哲祥, 肖祈春, 李翔, 等. 铅锌尾矿对水泥性能及矿物组成的影响. 有色金属科学与工程, 2014, (2): 57-61.

[70] 李方贤, 陈友治, 龙世宗. 用铅锌尾矿生产加气混凝土的试验研究. 西南交通大学学报, 2008, 43(6): 810-815.

[71] 朱建平, 李东旭, 邢锋. 铅锌尾矿对硅酸盐水泥熟料矿物结构与力学性能的影响. 硅酸盐学报, 2008, 36(S1): 180-184.

[72] 刘芳, 郑艳萍, 马明广, 等. 乳化液膜法处理含铅废水的研究. 广东化工, 2014, 41(16): 39-40.

[73] Suopajärvi T, Liimatainen H, Karjalainen M, et al. Lead adsorption with sulfonated wheat pulp nanocelluloses. Journal of Water Process Engineering, 2015, (5): 136-142.

[74] 余晓皎, 姚秉华, 周孝德. 铅离子的液膜分离法研究. 西北大学学报(自然科学版), 2002, (5): 511-514.

[75] 崔志刚, 马春来. 电解液回收铅的工艺研究. 有色矿冶, 2015, 31(2): 39-40.

[76] Owais A. Direct electrolytic refining of lead acid battery sludge. BHM Berg-und Hüttenmännische

　　　Monatshefte,2015,160(3):134-144.

[77] Bhat A,Megeri G B,Thomas C,et al. Adsorption and optimization studies of lead from aqueous solution using γ-Alumina. Journal of Environmental Chemical Engineering,2015, 3(1):30-39.

[78] Cao C Y,Cui Z M,Chen C Q,et al. Ceria hollow nanospheres produced by a template-free microwave-assisted hydrothermal method for heavy metal ion removal and catalysis. Journal of Physical Chemistry C,2010,114(21):9865-9870.

[79] 张思宇,黄少文.火山灰活性评价方法及其影响因素.材料导报,2011,25(15):104-106.

[80] 吴攀,刘丛强,杨元根,等.炼锌固体废渣中重金属(Pb、Zn)的存在状态及环境影响.地球化学,2003,32(2):139-145.

[81] 于洪浩,李鑫,薛向欣.介孔分子筛 MCM-41 的制备及其对 $Cr^{6+}$ 的吸附.功能材料,2013, 44(9):1252-1256.

[82] Mallampati S R,Mitoma Y,Okuda T,et al. Total immobilization of soil heavy metals with nano-Fe/Ca/CaO dispersion mixtures. Environmental Chemistry Letters, 2013, 11 (2): 119-125.

[83] 冯冬燕,孙怡然,于飞,等.石墨烯及其复合材料对水中重金属离子的吸附性能研究.功能材料,2015,46(3):3009-3015.

[84] Peng X,Luan Z,Ding J,et al. Ceria nanoparticles supported on carbon nanotubes for the removal of arsenate from water. Materials Letters,2005,59(4):399-403.

[85] Masscheleyn P H,Delaune R D,Patrick W H. Effect of redox potential and pH on arsenic speciation and solubility in a contaminated soil. Environmental Science & Technology, 1991,25(8):1414-1419.

[86] 高国振,李金轩,李小燕,等.纳米零价铁/玉米淀粉的制备及其对 $Pb^{2+}$ 的吸附.化工环保, 2014,34(4):376-379.

[87] Hu S J,Zhong L S,Song W G,et al. Synthesis of hierarchically structured metal oxides and their application in heavy metal Ion removal. Advanced Materials,2008,20(15):2977-2982.

[88] 王艳杰,刘瑞,吕广明,等.纳米 $CeO_2$ 的催化基础及应用研究进展.中国稀土学报,2014, 32(3):257-269.

[89] Recillas S,Colón J,Casals E,et al. Chromium Ⅵ adsorption on cerium oxide nanoparticles and morphology changes during the process. Journal of Hazardous Materials,2010,184(1-3): 425-431.

[90] Wu H Q,Wu Q P. Research progress of nanomaterials about removal of toxic metal ions and organics used in water treatment. Advanced Materials Research,2013,662:207-213.

[91] 王昊.炉渣作为水泥混合材的试验研究及机理分析[硕士学位论文].厦门:厦门大学,2014.

[92] 耿碧瑶,倪文,王佳佳,等.某铅锌尾矿粒度与其作水泥混合材性能的灰色关联.金属矿山, 2014,43(5):176-180.

[93] 查甫生,刘晶晶,许龙,等.水泥固化重金属污染土干湿循环特性试验研究.岩土工程学报,

2013,35(7):1246-1252.

[94] Rodríguez O, Kacimi L, López-Delgado A, et al. Characterization of Algerian reservoir sludges for use as active additions in cement: New pozzolans for eco-cement manufacture. Construction and Building Materials,2013,40(7):275-279.

[95] 卓瑞锋,张召述,夏举佩,等. 预活化粉煤灰作混合材的研究. 水泥技术,2010,(1):25-28.

[96] 傅圣勇,秦至刚,袁小琴,等. 铜铅锌尾矿作混合材试验. 四川水泥,2006,(4):5-7.

[97] Shi H,Kan L. Leaching behavior of heavy metals from municipal solid wastes incineration (MSWI) fly ash used in concrete. Journal of Hazardous Materials,2009,164(2-3):750-754.

[98] 张迪. 重金属在水泥熟料及水泥制品中驻留行为研究[硕士学位论文]. 北京:北京工业大学,2009.

[99] 胡玉芬. 钢渣-矿渣复掺作水泥混合材的试验研究. 水泥,2010,(8):11-13.

[100] Lee T C,Chang C J,Rao M K,et al. Modified MSWI ash-mix slag for use in cement concrete. Construction and Building Materials,2011,25(4):1513-1520.

[101] Qiao X C,Poon C S,Cheeseman C R. Investigation into the stabilization/solidification performance of Portland cement through cement clinker phases. Journal of Hazardous Materials,2007,139(2):238-243.

[102] Pimraksa K,Chindaprasirt P,Huanjit T,et al. Cement mortars hybridized with zeolite and zeolite-like materials made of lignite bottom ash for heavy metal encapsulation. Journal of Cleaner Production,2013,41(2):31-41.

[103] 王奕仁,王爱勤,李春萍,等. 垃圾衍生燃料气化后无机底渣制备免烧砖及对重金属的固化. 硅酸盐通报,2013,32(12):2600-2603.

[104] 杨媛,吴清仁,曹旗,等. 利用生活垃圾焚烧发电厂炉渣制备免烧砖的研究. 新型建筑材料,2010,37(8):40-43.

[105] 金裕民,郑旭卫,蔡纯阳,等. 水泥粉煤灰固化滩涂淤泥的强度与固化机理研究. 科技通报,2014,30(7):66-71.

[106] Song F,Lin G,Zhu N,et al. Leaching behavior of heavy metals from sewage sludge solidified by cement-based binders. Chemosphere,2013,92(4):344-350.

[107] Bar-Nes G,Katz A,Peled Y,et al. The mechanism of cesium immobilization in densified silica-fume blended cement pastes. Cement and Concrete Research,2008,38(5):667-674.

[108] Lee T C,Lin K L,Su X W,et al. Recycling CMP sludge as a resource in concrete. Construction and Building Materials,2012,30(5):243-251.

[109] Zhang T,Yue X,Deng Y,et al. Mechanical behaviour and micro-structure of cement-stabilised marine clay with a metakaolin agent. Construction and Building Materials,2014,(73):51-57.

[110] Chen Q Y,Hills C D,Tyrer M,et al. Characterisation of products of tricalcium silicate hydration in the presence of heavy metals. Journal of Hazardous Materials,2007,147(3):817-825.

[111] Kawai K,Hayashi A,Kikuchi H,et al. Desorption properties of heavy metals from cement

hydrates in various chloride solutions. Construction and Building Materials,2014,67(3):
55-60.

[112] Volchek K,Miah M Y,Kuang W,et al. Adsorption of cesium on cement mortar from aqueous
solutions. Journal of Hazardous Materials,2011,194(5):331-337.

[113] Al-Zboon K,Al-Harahsheh M S,Hani F B. Fly ash-based geopolymer for Pb removal from
aqueous solution. Journal of Hazardous Materials,2011,188(1):414-421.

[114] Papandreou A,Stournaras C J,Panias D. Copper and cadmium adsorption on pellets made
from fired coal fly ash. Journal of Hazardous Materials,2007,148(3):538-547.

[115] Li X G,Lv Y,Ma B G,et al. Utilization of oil well-derived drilling waste in shale-brick
production. Environmental Engineering & Management Journal,2014,(13):173-180.

[116] Li P G,Zhao F Q. Autoclaved brick from steel slag and silicon tailings. Advanced Materials
Research,2014,878:194-198.

[117] Zhang R J,Chen Z W,Fang W,et al. Thermodynamic consistent phase field model for sin-
tering process with multiphase powders. Transactions of Nonferrous Metals Society of
China,2014,3(24):783-789.

[118] Li W,Gao L. Compacting and sintering behavior of nano $ZrO_2$ powders. Scripta Materialia,
2001,8(44):2269-2272.

[119] 刘黎明. 机械密封环表面泵送槽的凸模压制成形技术研究[硕士学位论文]. 镇江:江苏大
学,2016.

[120] Bosi F,Piccolroaz A,Gei M,et al. Experimental investigation of the elastoplastic response
of aluminum silicate spray dried powder during cold compaction. Journal of the European
Ceramic Society,2014,34(11):2633-2642.

[121] Bondarenko V P,Andreyev I V,Savchuk I V,et al. Recent researches on the metal-ceramic
composites based on the decamicron-grained WC. International Journal of Refractory Metals
and Hard Materials,2013,39(7):18-31.

[122] Chiou I J,Wang K S,Chen C H,et al. Lightweight aggregate made from sewage sludge and
incinerated ash. Waste Management,2006,12(26):1453-1461.

[123] Van Nguyen C,Sistla S K,Van Kempen S,et al. A comparative study of different sintering
models for $Al_2O_3$. Journal of the Ceramic Society of Japan,2016,124(4):301-312.

[124] 张若愚,李顺芬,罗明河. 硅藻土超轻陶粒制备及其烧结机理. 非金属矿,2004,27(1):
20-21.

[125] Ahmari S,Zhang L. Production of eco-friendly bricks from copper mine tailings through
geopolymerization. Construction and Building Materials,2012,29(4):323-331.

[126] Xu G R,Zou J L,Li G B. Ceramsite obtained from water and wastewater sludge and its
characteristics affected by$(Fe_2O_3+CaO+MgO)(SiO_2+Al_2O_3)$. Water Research,2009,11
(43):2885-2893.

[127] 宋晓岚,黄学辉. 无机材料科学基础. 北京:化学工业出版社,2008. 56-67.

[128] Chen Y,Zhang Y,Chen T,et al. Preparation of eco-friendly construction bricks from hema-

tite tailings. Construction and Building Materials, 2011, 25(4):2107-2111.

[129] Xu G R, Liu M W, Li G B. Stabilization of heavy metals in lightweight aggregate made from sewage sludge and river sediment. Journal of Hazardous Materials, 2013, 260(1): 74-81.

[130] Ahmari S, Zhang L. Utilization of cement kiln dust(CKD) to enhance mine tailings-based geopolymer bricks. Construction and Building Materials, 2013, 40(3):1002-1011.

[131] Mendez M O, Maier R M. Phytostabilization of mine tailings in arid and semiarid environments—An emerging remediation technology. Environmental Health Perspectives, 2008, 116(3):278-283.

[132] Zhang W, Alakangas L, Wei Z, et al. Geochemical evaluation of heavy metal migration in Pb-Zn tailings covered by different topsoils. Journal of Geochemical Exploration, 2016, 165:134-142.

[133] Yang S, Cao J, Hu W, et al. An evaluation of the effectiveness of novel industrial by-products and organic wastes on heavy metal immobilization in Pb-Zn mine tailings. Environmental Science Processes & Impacts, 2013, 11(15):2059-2067.

[134] Xu G, Zou J, Li G. Stabilization/solidification of heavy metals in sludge ceramsite and leachability affected by oxide substances. Environmental Science & Technology, 2009, 43(15):5902-5907.

[135] Li X G, He C, Bai Y, et al. Stabilization/solidification on chromium(Ⅲ)wastes by C(3)A and C(3)A hydrated matrix. Journal of Hazardous Materials, 2014, 268(6):61-67.

[136] Yang J, Zhao C, Xing M, et al. Enhancement stabilization of heavy metals(Zn, Pb, Cr and Cu)during vermifiltration of liquid-state sludge. Bioresource Technology, 2013, 146(10): 649-655.